Maher Elsheikh

Isolamento e Identificação de Bactérias Celulolíticas do Ambiente

Maher Elsheikh

Isolamento e Identificação de Bactérias Celulolíticas do Ambiente

ScienciaScripts

Imprint

Cover image: www.ingimage.com

This book is a translation from the original published under ISBN 978-3-659-88850-2.

Publisher:
Sciencia Scripts
is a trademark of
Dodo Books Indian Ocean Ltd. and OmniScriptum S.R.L publishing group

120 High Road, East Finchley, London, N2 9ED, United Kingdom
Str. Armeneasca 28/1, office 1, Chisinau MD-2012, Republic of Moldova, Europe
Managing Directors: Ieva Konstantinova, Victoria Ursu
info@omniscriptum.com

Printed at: see last page
ISBN: 978-620-8-54449-2

ÍNDICE DE CONTEÚDOS

CAPÍTULO 1

INTRODUÇÃO e REVISÃO DA LITERATURA

A celulose foi reconhecida como o material comum das paredes celulares das plantas por Anselm Payen em 1838 e é considerada o biopolímero mais abundante na Terra e o principal componente da biomassa vegetal (Payot et al., 1998). A utilidade da celulose como fonte de nutrientes para os organismos vivos depende, no entanto, da sua hidrólise em glucose. A hidrólise ácida e a degradação a alta temperatura da celulose em hidratos de carbono mais pequenos são métodos insatisfatórios, porque os açúcares resultantes são decompostos; além disso, os resíduos de celulose contêm impurezas que geram subprodutos indesejáveis nestas condições difíceis (Spano et al., 1975). A celulose é um polímero de cadeia longa constituído por unidades repetidas de glucose ligadas por ligações P-1-4-glicosídicas (Fig.1). A glucose, um açúcar simples, é um anel de 6 membros chamado piranose (Fig.1). As unidades de glucose estão unidas por um único átomo de oxigénio (ligação acetal) entre o C-1 de um anel de piranose e o C-4 do anel seguinte (Fig.1). A disposição especial ou a estereoquímica dos anéis de piranose faz com que todas as moléculas maiores do que o hidrogénio se projectem para fora da periferia dos anéis numa posição equatorial (Fig.1). Devido às posições equatoriais das hidroxilas na cadeia da celulose, estas sobressaem lateralmente ao longo da molécula estendida, o que as torna facilmente disponíveis para a ligação de hidrogénio. A ligação de hidrogénio confere à fibra de celulose resistência, insolubilidade na maioria dos solventes e impede a sua fusão. No entanto, a celulose pode ser digerida por celulases.

As celulases são um grupo de enzimas que, actuando em conjunto, hidrolisam a celulose. Um sistema enzimático celulósico é constituído por três componentes principais: endo-P-glucanase, que é uma glucanohidrolase de 1,4-P-D-glucano que corta aleatoriamente as cadeias de celulose, produzindo glucose e celo-oligossacáridos; exo-P-glucanase, que é uma celobiohidrolase de 1,4-P-D-glucano que ataca a celulose cristalina produzindo celobiose; e P-glucosidase, uma celobiase que hidrolisa a celobiose em glucose (Reese et al., 1950).

Os microbiologistas estudaram uma grande variedade de microrganismos conhecidos por existirem simbioticamente num conjunto igualmente diversificado de insectos, incluindo baratas e térmitas, para compreender a degradação da celulose. As térmitas são necrófagas de resíduos vegetais à base de celulose e, por isso, foram extensivamente estudadas para determinar o seu microbiota intestinal normal. O intestino de uma térmita operária típica é composto por três divisões principais: intestino anterior, intestino médio e intestino posterior (Fig.2). O intestino grosso da térmita é o segmento onde residem as bactérias celulolíticas e é o principal local de digestão da celulose.

A investigação de Breznak, em 1975, sobre as relações simbióticas entre as térmitas e o seu microbiota intestinal, remeteu para a investigação de Hungates, em 1946, na qual Hungate isolou um actinomiceto anaeróbio e celulolítico do intestino de *Amitermites minimus,* a que deu o nome de *Micromonospora propionici.* Este organismo fermentava quer a celulose quer a glicose, obtendo como principais produtos o dióxido de carbono e os ácidos acético e propiónico. Mauldin (1977) concluiu na sua pesquisa que ou a própria térmita ou a sua flora bacteriana degradam a celulose. Na sua investigação sobre a digestão da lenhina pelas térmitas, Butler e Buckerfield (1979) confirmaram ainda que tanto a própria térmita como a sua flora bacteriana degradam a celulose. Eles usaram compostos de lignina marcados com ^{14}C para alimentar as térmitas e foram capazes de detetar a presença de $^{14}CO_2$nos produtos residuais das térmitas. Watanabe et al. (1998) conseguiram identificar e descrever o primeiro gene codificador de celulase de inseto RsEG, que codifica uma endo-P-1,4-glucanase na térmita, *Reticulitermes speratus.* Embora a origem dessa enzima não tenha sido estabelecida, eles concluíram que o sistema endógeno de celulase de *R. speratus* incluía uma P-glicosidase secretada nas glândulas salivares capaz de produzir glicose a partir da celulose cristalina ou amorfa presente na madeira ingerida. Estes investigadores sugeriram também que a celulose não hidrolisada na porção anterior do intestino passava para o intestino posterior, onde protistas simbióticos a ingeriam por endocitose e a fermentavam para produzir acetato. Estes investigadores observaram também que a utilização de sistemas duplos de degradação da celulose explicava o facto de a assimilação do glucano da madeira nas térmitas inferiores ser superior a 90%. Seguindo os seus passos, Tamaru e Doi (2000) conseguiram estabelecer a versatilidade do celulossoma na degradação do material da parede celular das plantas. Observaram que um celulossoma é composto por três subunidades principais, incluindo a proteína de suporte CbpA, a endoglucanase EngE, a exoglucanase ExgS e várias subunidades enzimáticas menores. Encontraram também genes para duas novas subunidades enzimáticas, a mananase e a pectato liase, nos grupos de genes do celulossoma *de Clostridium cellulovorans*, o que levou à conclusão de que o celulossoma era capaz de degradar celulose, xilano, liquenano, manano e pectina.

Na maioria dos ambientes naturais, os clostrídios celulolíticos mesófilos desempenham um papel importante na decomposição da celulose (Payot et al., 1998). Os clostrídios são habitantes conhecidos das entranhas das térmitas, tal como comprovado por Tokuda et al. (2000) numa investigação com clostrídios simbióticos no segmento misto das entranhas de *Nasutitermes takasagoensis.* Os clostrídios são bastonetes Gram-positivos formadores de endosporos que têm importância industrial.

Por exemplo, *o Clostridium acetobutylicum* pode fermentar vários açúcares para formar os solventes comercialmente valiosos, acetona e butanol, na seguinte via:

Celulose Celobiose Glucose Ácido pirúvico Ácidos acético e fórmico Ácido butírico Butanol (Prescott, 1999).

No entanto, a fermentação com acetona-butanol deixou de ser económica no final da década de 1950 (Tummala et al., 1999). Verificou-se que outros problemas estavam associados ao cultivo clostridial, incluindo a paragem do crescimento devido a um fluxo suficientemente elevado de carbono (Guedon et al., 1999) e a falta de locais de adesão disponíveis na celulose (Gelhaye et al., 1993). Uma outra etapa limitante na fermentação da celulose foi a conversão de hidratos de carbono insolúveis em celulo-oligossacáridos solúveis (Devaux et al., 2000). Outro fator limitante do crescimento do *Clostridium cellulolyticum* é uma baixa taxa de re-oxidação do NADH, que conduz a uma acumulação intracelular do nucleótido reduzido gliceraldeído-3-fosfato desidrogenase (GAPDH) (Payot et al., 1998). Payot et al. (1998) também descobriram que em muitos ecossistemas onde os compostos de lignocelulose são degradados, ocorre a transferência de hidrogénio entre espécies. O H2 produzido pelas bactérias celulolíticas é imediatamente utilizado pelos metanogénios ou por outras espécies que utilizam H2, pelo que a formação de H2 a partir do NADH não é inibida e as bactérias não produzem compostos reduzidos, como o etanol, para re-oxidar o NADH produzido durante a glicólise. Desvaux et al. (2000) voltaram a investigar a degradação da celulose por *Clostridium cellulolyticum* num meio definido. Esta investigação demonstrou que a paragem do crescimento, observada em cultura clássica por lotes, não se deveu a concentrações elevadas de produtos finais, nem foi induzida por moléculas de sinalização excretadas pelas bactérias numa determinada densidade celular ou fase de crescimento, mas sim que a redução da biomassa se deveu à falta de sítios de adesão disponíveis na celulose. A sua investigação estava de acordo com a investigação de Gelhaye et al. (1993), tal como mencionado anteriormente. Gelhaye et al. mostraram que o crescimento de *Clostridium cellulolyticum* ocorreu quando as células aderiram às fibras de celulose.

Para ultrapassar estes problemas, os microbiologistas voltaram-se para a engenharia genética e, nos últimos anos, a engenharia metabólica do *Clostridium acetobutylicum* teve como objetivo gerar estirpes com capacidades superiores de produção de solventes. Mermelstein et al. (1993) desenvolveram um protocolo para a introdução de ADN plasmídico no *Clostridium acetobutylicum* ATCC 824 (Mermelstein et al., 1993), permitindo que os fluxos de carbono e de energia sejam redireccionados através da sobre-expressão de genes solvatogénicos transportados no plasmídeo.

No entanto, ainda faltam várias ferramentas genéticas necessárias que impedem o progresso neste domínio (Tummala et al., 1999). Um dos instrumentos críticos em falta é um sistema repórter de expressão génica (Tummala et al., 1999). Uma vez que *o Clostridium acetobutylicum* ATCC 824 carece de atividade endógena de P-galactosidase (Burchhardt et al., 1991), um sistema repórter com este gene lacZ como gene repórter seria mais sensível à atividade do promotor. Tummala et al. (1999) conseguiram desenvolver um sistema repórter de expressão genética (pHT3) em que o gene lacZ de *Thermoanaerobacterium thermosulfurogenes* EM1 actua como repórter para *Clostridium acetobutylicum.* Um sistema que contribui para resolver o problema da adesão na cultura clostridial é o sistema de celulase do celulossoma de *Clostridium thermocellum.* Este sistema bem caracterizado demonstrou ter múltiplas funções, incluindo a adesão celular e a hidrólise de compostos lignocelulósicos. Considerou-se que medeia a associação coesiva de celulases e xilases e promove a sua ação sinérgica, evitando a produção de enzimas extracelulares livres (Payot et al., 1998). Matano et al. (1994) caracterizaram a estrutura e a atividade do celulossoma cultivando *Clostridium cellulovorans* num meio contendo diferentes fontes de carbono e celulose para estudar a regulação da síntese e secreção das subunidades do celulossoma e o mecanismo de montagem do celulossoma. Concluíram que as culturas cultivadas em celulose moída e em fontes de carbono Avicel eram capazes de degradar imediatamente a celulose cristalina, ao passo que as culturas cultivadas em celobiose apresentavam uma fase de atraso extremamente longa antes de se manifestar qualquer atividade significativa de celulase. Os dados da sua investigação sugerem que a presença de celulose cristalina promoveu a montagem do complexo de celulossomas. Mais uma vez, as suas conclusões estão de acordo com as de Gelhaye et al. (1993).

Na natureza, as bactérias celulolíticas encontram-se em vida livre no ambiente ou associadas ao trato intestinal de animais herbívoros como as térmitas e os ruminantes. Estudos anteriores mostraram que a flora bacteriana anaeróbia intestinal normal de animais aquáticos como a carpa herbívora *Ctenopharyngodon idella,* o peixe dourado *Carassius auratus* e a truta arco-íris *Oncorhynchus mykiss* incluía os seguintes géneros *Clostridium, Peptostreptococcus, Bacteroides* e *Fusobacterium* (Trust et al., 1979). Verificou-se que as bactérias produziam enzimas úteis para a digestão, tais como celobiase, amilase, protease, casease e lipase. Outro estudo mostrou que anaeróbios obrigatórios produtores de carboximetilcelulase foram encontrados no trato intestinal de peixes marinhos herbívoros (Stellwag et al., 1995). As bactérias anaeróbias dos vertebrados inferiores e dos crustáceos são em grande parte desconhecidas e pouco estudadas. Por este motivo, os crustáceos, como o camarão branco *Litopenaeus vannamei,* são considerados bons candidatos para um exame mais aprofundado.

Para definir melhor o microbiota normal dos tractos intestinais de *Litopenaeus vannamei*, o camarão branco, e de *Zootermopsis angusticollis*, a térmita operária, e para isolar e identificar bactérias celulolíticas, foram colhidas e examinadas amostras dos seus tractos intestinais. Os isolados que se verificou degradarem a celulose foram subcultivados e cultivados utilizando celulose purificada num meio celulolítico. Estes procedimentos foram realizados numa câmara anaeróbia Bactron II, utilizando um meio celulolítico de Clostridia ATCC 35319 ligeiramente modificado e meios pré-reduzidos, esterilizados anaerobicamente (PRAS), bem como outros testes bioquímicos e morfológicos padrão, microscopia eletrónica utilizando um microscópio eletrónico de varrimento Philips XL40 e um microscópio eletrónico de transmissão Zeiss 902. Muitos isolados de teste apresentaram perfis de identificação que não correspondiam aos das bases de dados bioquímicas padrão, pelo que foi efectuada a sequenciação do ADN ribossómico 16S bacteriano destes isolados. A sequenciação foi efectuada utilizando um kit do gene MicroSeq 16S rRNA com um sequenciador de ADN ABI Prism 377. Os produtos finais metabólicos da degradação da celulose em foram analisados por Cromatografia Líquida de Alta Eficiência (HPLC) utilizando um Dionex DX500 para a produção de glucose e por API Systems para a produção de enzimas.

Aplicações industriais para a degradação da celulose:

A celulose é a fonte orgânica mais abundante de alimentos, combustíveis e produtos químicos (Spano et al., 1975). Os métodos de degradação da celulose podem ser muito úteis para aplicações industriais, como a conversão de resíduos urbanos, resíduos de madeira e resíduos agrícolas em produtos comercialmente viáveis, especialmente ácidos e álcoois. Dois sistemas, concebidos para a conversão de resíduos de madeira em produtos comercialmente úteis, estão experimentalmente operacionais. No primeiro processo, a gaseificação converte os resíduos urbanos em monóxido de carbono, que é depois utilizado como fonte de carbono por bactérias anaeróbias para produzir ácido acético como produto final fermentativo. No segundo processo, a celulose dos resíduos de madeira e do papel é convertida em açúcares, que, por sua vez, são utilizados como fonte de alimento para as bactérias e fermentados em butanol. Embora ambos os sistemas estejam experimentalmente operacionais, o aumento da conversão (fermentação) e a separação/purificação dos produtos finais comerciais são duas áreas que requerem mais investigação e desenvolvimento. Dadas as condições ambientais adequadas, os isolados celulolíticos, individualmente ou em combinação, podem fornecer uma comunidade microbiana que aumenta enzimaticamente a eficácia da decomposição da celulose e, por conseguinte, podem ser incorporados nos sistemas acima referidos.

CAPÍTULO 2

MATERIAIS e MÉTODOS

2.1 Isolamento

2.1.1 Isolamento de bactérias celulolíticas do camarão:

As amostras de camarão foram obtidas junto do Dr. Shaun Moss, The Oceanic Institute, Waimanalo Hawaii. Os camarões foram mantidos de acordo com o seguinte protocolo:

Foram instalados corredores de 58 cm^2 cobertos de biossegurança com juvenis de camarão branco do Pacífico, *Litopenaeus vannamei*, isentos de agentes patogénicos específicos (SPF). Os camarões receberam uma ração comercial com 35% de proteínas e 2,5% de lulas *ad libitum.* A água nas pistas de corrida recirculou através de um filtro de esferas concebido para purificação e biofiltração. Foram colhidas amostras intestinais semanalmente durante 12 semanas de dois grupos experimentais diferentes. Os intestinos médio e posterior foram excisados assepticamente, colocados em meio de transporte anaeróbico e enviados para o Fish Disease Laboratory da California State University, Hayward (CSUH) para isolamento e identificação de bactérias anaeróbicas e celulolíticas e análise enzimática. De acordo com os procedimentos estabelecidos no Laboratório de Doenças de Peixes da CSUH (Dixon e Ramirez 2001, Ramirez e Dixon 2003), amostras individuais do intestino do camarão *Litopenaeus vannamei* foram colocadas em caldo de tioglicolato e incubadas 24 a 48 horas numa atmosfera anaeróbia constituída por 5% de CO_2, 5% de H_2 e 90% de N2 numa câmara anaeróbia Bactron II a 28°C. As bactérias do caldo de tioglicolato foram semeadas num ágar celulolítico de clostridium ligeiramente modificado ATCC # 35319 para selecionar os isolados celulolíticos.

2.1.2 Isolamento de bactérias celulolíticas de térmitas:

Duas amostras de 25 térmitas operárias *Zootermopsis angusticollis* foram obtidas da Carolina Biological Supply Company (Burlington, NC). Uma terceira amostra de 25 *térmitas Zootermopsis angusticollis* foi obtida na Ward's Biology (Rochester, Nova Iorque). Uma quarta amostra de 5 térmitas foi recolhida no terreno na California State University, Hayward (CSUH).

No Laboratório de Doenças de Peixes (CSUH), as vísceras das térmitas foram excisadas assepticamente numa atmosfera anaeróbica constituída por 5% de CO2, 5% de H2 e 90% de N2 numa câmara anaeróbica Bactron II. As tripas foram imediatamente inoculadas em meio celulolítico preparado como caldo e placas de ágar, para selecionar bactérias celulolíticas e foram incubadas a 28°C durante 24 a 48 horas na câmara anaeróbia.

2.2 Purificação de isolados

As colónias individuais do ágar celulolítico foram semeadas para isolamento em ágar MTGE de crescimento geral que foi pré-reduzido, esterilizado anaerobicamente (PRAS) e preparado comercialmente pela Anaerobe Systems (Morgan Hill, CA). As colónias puras foram inoculadas em ágar Chocolate e cultivadas aerobicamente para testes de aerotolerância em 5% de CO_2 para diferenciar os anaeróbios obrigatórios dos anaeróbios facultativos. Os isolados também foram inoculados em ágar PRAS feniletilálcool (PEA), ágar gema de ovo (EYA) e ágar sangue de Brucella (BBA), que também foram preparados pela Anaerobe Systems (Morgan Hill, CA).

Foram efectuadas colorações de Gram em todos os isolados. Foram efectuados testes de catalase, oxidase, produção de indol, urease e redução de nitratos em isolados representativos.

As análises enzimáticas foram concluídas para isolados representativos por inoculação do painel API ZYM contendo 19 substratos (bioMerieux Vitek, Inc. Hazelwood, MI). O API 20 E é um sistema de identificação de Enterobacteriaceae e outros bastonetes Gram-negativos não fastidiosos que utiliza 23 testes bioquímicos normalizados e miniaturizados e uma base de dados. O sistema API 20 NE é um micrométodo normalizado que combina 8 testes convencionais e 12 testes de assimilação para a identificação de bastonetes Gram-negativos não fastidiosos não pertencentes às Enterobacteriaceae (bioMerieux Vitek, Inc. Hazelwood, MI). Os dados de ambos os sistemas foram utilizados com o objetivo de recolher dados sobre os isolados e não para identificar bactérias. As bactérias anaeróbias facultativas foram incubadas numa Incubadora Imperial III (Lab-Line Instruments Inc., Melrose Park, IL) a 28°C durante todo o projeto.

2.3 Preparação de isolados para inoculação de sistemas API

Todos os isolados foram preparados de acordo com os procedimentos e instruções da bioMerieux:

2.3.1 Para o API 20 E:

Foi retirada uma colónia bem isolada e emulsionada em 5 ml de solução de NaC1 a 0,85%, pH 5,5-7,0. Na tira de teste, tanto o tubo como a cúpula dos testes CIT, VP E GEL foram preenchidos com a suspensão bacteriana, tal como para os restantes poços; apenas os tubos foram preenchidos com a suspensão bacteriana. As cúpulas ADH, LDC, ODC, H_2S e URE foram cobertas com óleo mineral estéril após a inoculação para criar anaerobiose. As tiras foram incubadas durante 18 a 24 horas a 28°C e, em seguida, foram lidas com base na tabela de interpretação normalizada.

2.3.2 Para o API 20 NE:

F as nossas colónias bem isoladas de morfologia idêntica foram removidas e suspensas em 2 ml de solução de NaCl a 0,85%. A turvação foi igualada ao padrão #0,5 McFarland de $1,5X10^{8}$CFU/ml. As cúpulas dos testes de NO3 para PNPG foram enchidas com a suspensão salina. Foram adicionados 200 ml da restante suspensão salina ao meio AUX fornecido. Os tubos e cúpulas dos testes GLU a PAC foram enchidos com a suspensão AUX e foi adicionado óleo mineral estéril às cúpulas GLU, ADH e URE após a inoculação para criar anaerobiose. As tiras foram incubadas durante 18 a 24 horas a 28°C e foram lidas com base na tabela de interpretação normalizada.

2.3.4 Para a API ZYM:

Das bactérias bem isoladas, foi preparada uma suspensão pesada em 2 ml de meio isotónico para corresponder à turbidez de um padrão McFarland número 5 a número 6 de 1,5-1,8X109 CFU/ml. Foram dispensados 65 ml da suspensão em cada cúpula e as tiras foram incubadas a 28-30°C durante um mínimo de 4 horas. Em seguida, adicionou-se a cada cúpula uma gota de reagente ZYM "A" seguida de uma gota de reagente ZYM "B". Deixou-se que a cor se desenvolvesse deixando as tiras à temperatura ambiente (aproximadamente 24°C) durante um mínimo de 5 minutos e a sua intensidade foi classificada e interpretada de acordo com a tabela fornecida.

2.4 Análise da produção de açúcar por cromatografia líquida de alta resolução (HPLC) utilizando o método de cromatografia iónica (IC)

2.4.1 Especificações:

Foi utilizada uma coluna Dionex DX500 com as seguintes especificações: a coluna era constituída por Carbopac PA1 com 4 mm de largura e 250 mm de comprimento. A fase móvel consistia em hidróxido de sódio 150 mM e foi bombeada a um ritmo de 1 ml/min. O tamanho da injeção foi de 25pl. O detetor era um detetor amperométrico pulsado ED40 com elétrodo de ouro e elétrodo de referência de prata/cloreto de prata. O tempo total de execução foi de 15 minutos e os tempos de retenção foram os seguintes 4,22 min para glicose, 4,70 min para frutose, 7,15 min para lactose e 7,75 min para sacarose. A concentração dos padrões de açúcar foi de 4mg/L.

2.4.2 Preparação da amostra para HPLC:

Os isolados puros foram inoculados individualmente em meio celulolítico. A intervalos definidos, foram colhidas amostras de 2 ml, que foram filtradas para frascos utilizando seringas estéreis ligadas a filtros Acrodisk de 0,45p m (Gellman Inc.) e os frascos foram carregados no carregador de amostras AS40 para HPLC.

2.5 Análise de ADN utilizando a sequenciação bacteriana MicroSeq

Full Gene 16S rDNA

2.5.1 Introdução:

O MicroSeq 16S rRNA Gene Kit identifica espécies bacterianas com base nas sequências dos seus genes de RNA ribossómico (rRNA) 16S.

O ADN genómico extraído das bactérias foi amplificado e depois sequenciado utilizando um sequenciador de ADN ABI Prism 377.

2.5.2 Crescimento bacteriano:

Os isolados bacterianos foram cultivados em ágar-base suplementado com 5% de sangue de ovelha e incubados a 28°C.

2.5.3 Extração de ADN:

2.5.3.1 O método Chelex para os Gram-Positivos Bactérias:

Este método foi utilizado para extrair o ADN das bactérias Gram-positivas que foram isoladas do primeiro grupo de intestinos de camarão (MicroSeq 16S rRNA Gene Kit, Applied Biosystems, 2000). Num tubo de microcentrifugação limpo de 1,5 ml que continha 245pl de TE_{01}(10 mM Tris-HC1, 0,1mM EDTA) e 5pl de solução de lisozima 50mg/ml, suspendeu-se uma ansa grande cheia (aproximadamente 10pl) de células e incubou-se durante 45min num banho a temperatura constante pré-aquecido a 56°C. Foram adicionados os seguintes reagentes:

196,2pl de $TE_{0.1}$, 20pl de EDTA (250mM), 25pl de SDS (10%), 3,8pl de proteinase K (20mg/ml); a mistura foi incubada a 37°C durante 1 hora. Agitou-se uma solução de Chelex a 5% e adicionaram-se 500 pl a cada amostra. Todas as amostras foram incubadas durante 15 a 30 minutos num banho de temperatura constante pré-aquecido a 56°C. As amostras foram misturadas durante 10 segundos e depois aquecidas a 100°C durante 8 minutos. As amostras foram centrifugadas durante 2min a 10.000rpm e o sobrenadante foi transferido para um novo tubo de microcentrifugação. Foi efectuada uma diluição 1:10 do sobrenadante em água esterilizada. A extração de ADN foi então utilizada para amplificação por PCR.

2.5.3.2 Procedimento QIAGEN para bactérias Gram-positivas:

Este método foi utilizado para extrair o ADN das bactérias Gram-positivas que foram isoladas do segundo grupo de intestinos de camarão. Foi adotado do manual do kit QIAGEN DNeasy Tissue e foi utilizado da seguinte forma

O tampão para a lise enzimática foi preparado misturando 36pl de Tris-C1 20mM, pH8,0 com 7,2pl de EDTA 2mM e 5pl de lisozima 20mg/ml. As colónias bacterianas foram suspensas em 180pl de tampão enzimático e incubadas a 37°C durante 30min. 25pl de proteinase K e 200pl de tampão AL foram misturados e incubados a 70°C durante 30min. 200pl de etanol foram adicionados à amostra e bem misturados, depois a mistura foi pipetada para uma mini-coluna DNeasy. A mistura foi centrifugada a 8000rpm durante 1min e o fluxo foi eliminado. A mini-coluna DNeasy foi colocada num novo tubo de recolha de 2 ml e foram adicionados 500 ml de Buffer AW1. A amostra foi centrifugada durante 1min a 8000rpm e, mais uma vez, o tubo de recolha e o fluxo foram rejeitados. A minicoluna DNeasy foi colocada num novo tubo de recolha de 2 ml e foram adicionados 500 ml de tampão AW2. A amostra foi centrifugada durante 3 minutos à velocidade máxima para secar a membrana DNeasy e, mais uma vez, o tubo de recolha e o fluxo foram eliminados. A mini-coluna DNeasy foi colocada num tubo de microcentrifugação limpo de 1,5 ml, pipetou-se 200 ml de tampão AE diretamente para a membrana DNeasy e a amostra foi incubada à temperatura ambiente durante 1 minuto, sendo depois centrifugada durante 1 minuto a 8000 rpm para eluir. A minicoluna foi eliminada; o tubo de microcentrifugação continha o extrato de ADN.

2.5.3.3 Método Chelex para bactérias Gram-negativas (MicroSeq 16S rRNA Gene Kit, Applied Biosystems, 2000):

Uma pequena porção (aproximadamente 5 pl) da bactéria purificada foi suspensa em 1,0 ml de água estéril num tubo de microcentrífuga limpo de 1,5 ml e foi centrifugada numa microcentrífuga durante 3 minutos a 10.000 rpm para sedimentar as células. O sobrenadante foi decantado e 200 ml de solução de Chelex a 5% foram adicionados ao pellet, misturados e incubados durante 15 a 30 minutos num banho a temperatura constante pré-aquecido a 56°C. As amostras foram agitadas em vórtice durante 10 segundos e colocadas num banho de água a ferver durante 8 minutos. As amostras foram centrifugadas durante 2min a 10.000rpm e o sobrenadante foi transferido para um novo tubo de microcentrifugação. Foi efectuada uma diluição de dez vezes do sobrenadante utilizando água esterilizada. A extração de ADN foi então utilizada para amplificação por PCR.

Em qualquer dos métodos acima referidos, se a extração de ADN não fosse amplificada imediatamente, era armazenada a uma temperatura entre -15 e -25°C.

2.5.4 Amplificação por PCR:

As amostras foram preparadas em tubos MicroAmp PCR de 0,2 ml, misturando 50 ml de PCR Master Mix (fornecido com o kit MicroSeq 16S rRNA Gene) com 50 ml de ADN genómico diluído. Os tubos foram tapados e colocados no termociclador GeneAmp PCR system 9600 (Applied Biosystems). O sistema GeneAmp PCR 9600 foi programado com os seguintes parâmetros:

Fase inicial de incubação: Manter a 95°C durante 10 minutos.

30 ciclos, cada ciclo é composto pelos seguintes parâmetros:

Fundir a 95°C durante 30 segundos, recozer a 60°C durante 30 segundos, estender a 72°C durante 45 segundos, passo de extensão final: manter a 72°C durante 10 minutos, passo final: manter a 4°C indefinidamente.

2.5.5 Eletroforese:

Cinco pl do produto da PCR foram colocados num gel de agarose para detetar o ADN amplificado. Após 15-30 minutos, o gel foi retirado do aparelho, corado com brometo de etídio, colocado em cima de uma luz UV e tirada uma fotografia Polaroid.

2.5.6 Preparação da Reação de Sequenciação:

2.5.6.1 Purificação:

Após a deteção da banda de ADN, o produto da PCR foi purificado utilizando o procedimento ExoSAP-IT: o sistema ExoSAP-IT utiliza duas enzimas, a Exonuclease I e a Fosfatase Alcalina de Camarão, para remover dNTPs e primers indesejados. A mistura de enzimas ExoSAP-IT foi adicionada diretamente ao produto PCR numa proporção de 1:10. A mistura de enzima e produto PCR foi misturada e incubada a 37°C durante 15 minutos. Em seguida, as enzimas ExoSAP-IT foram inactivadas por aquecimento a 80°C durante 15 minutos.

2.5.6.2 Aliquotagem:

Foram misturados 45pl do produto PCR purificado com 60pl de água. Alíquotas de 7pl da mistura foram colocadas em cada tubo de mistura de sequenciação: Reverse (azul) 357R, 531R 810R 1104R 1193R, 1540R, e Forward (verde) 5F, 338F, 515F, 776F, 1087F, 1174F.

2.5.6.3 Sequência de ciclos:

O ciclo de sequenciação foi efectuado utilizando o termociclador GeneAmp PCR system 9600 com os seguintes parâmetros:

a. 96°C durante 10 seg. 65°C durante 1min 6 ciclos
b. 96°C durante 10 seg. 64°C durante 1min 6 ciclos
c. 96°C durante 10 seg. 63°C durante 1min 6 ciclos
d. 96°C durante 10 seg. 62°C durante 1min 6 ciclos
e. 96°C durante 10 segundos 61°C durante 1min 6 ciclos
f 96°C durante 10 segundos 60°C durante 1min 6 ciclos
g. 96°C durante 10 seg. 59°C durante 1min 6 ciclos
h. 96°C durante 10 seg. 58°C durante 1min 6 ciclos
i. 96°C durante 10 seg. 57°C durante 1min 6 ciclos

J. 96°C durante 10 segundos 56°C para 1mm 6 ciclos

k. 96°C durante 10 seg. 55°C para 1mm 6 ciclos

Conservar a 4°C por tempo indeterminado.

2.5.7 Análise:

2.5.7.1 Precipitação em tubos de microcentrifugação:

A cada microtubo de avanço e retrocesso (verde e azul), foram adicionados 74 ml de etanol a 70% por 0,5 mM de $MgCl_2$, misturados e incubados à temperatura ambiente durante 10-15 minutos para precipitar os produtos de extensão. Os materiais foram centrifugados durante 10-20min a 10.000rpm. Os sobrenadantes foram cuidadosamente aspirados e eliminados. Os pellets foram secos abrindo a tampa e deixando-os repousar à temperatura ambiente durante alguns minutos.

2.5.6.2 Análise com ABI Prism 377:

As amostras foram enviadas para o CSU Hayward Sequencing Center para efetuar esta etapa. Foram gerados traços de sequência, que foram reunidos para formar a sequência completa do rDNA 16S. Estas, por sua vez, foram comparadas com as sequências conhecidas do rDNA l6S utilizando o servidor BLAST do Centro Nacional de Informação Biotecnológica (www.Ncbi.nlm.nih.gov). As correspondências superiores a 98% foram consideradas como identificação positiva.

2.6 Microscopia eletrónica

2.6.1 Procedimento de Microscopia Eletrónica de Varrimento:

Os tractos intestinais das térmitas *Zootermopsis angusticollis* foram observados ao microscópio de luz e excisados com uma pinça. Os intestinos foram cortados em pedaços mais pequenos com uma lâmina afiada e foram fixados, em primeiro lugar, por imersão em glutaraldeído a 2,5% em tampão cacodilato 0,05M, pH 7,2, durante 1 hora. As amostras foram lavadas duas vezes por imersão em tampão cacodilato 0,05M, pH 7,2, durante 10 minutos cada. A fixação secundária foi efectuada mergulhando as amostras intestinais em tetróxido de ósmio a 1%, pH 6,1, durante 1 hora, e enxaguadas duas vezes como na etapa anterior. As amostras foram coradas durante 2 horas por imersão em acetato de uranilo tamponado a 0,5% e, em seguida, desidratadas por imersão durante 10 minutos em cada uma das seguintes soluções:

30% de etanol, 50% de etanol, 70% de etanol, 95% de etanol (duas vezes) e 100% de etanol (três vezes). As amostras de intestino foram secas com o secador de ponto crítico Polaron, montadas em suportes, revestidas por pulverização catódica com um aparelho de pulverização catódica Pelco SC-7 para fundição de ouro e visualizadas com um microscópio eletrónico Philips XL40.

2.6.2 Procedimento de Microscopia Eletrónica de Transmissão:

Os tractos intestinais das térmitas *Zootermopsis angusticollis* foram observados ao microscópio de luz e excisados com uma pinça. Em seguida, foram cortados em pedaços mais pequenos com uma lâmina de barbear afiada. A fixação primária foi efectuada por imersão em glutaraldeído a 2,5% em tampão cacodilato 0,05M, pH7,2, durante 1 hora, depois enxaguada por imersão duas vezes em tampão cacodilato 0,05M, pH7,2, durante

10 minutos cada. A fixação secundária foi efectuada mergulhando as amostras em tetróxido de ósmio a 1%, pH 6,1, durante 1 hora, depois enxaguadas duas vezes como na etapa anterior. As peças intestinais foram desidratadas por imersão durante 10 minutos em cada uma das seguintes substâncias 30% de etanol, 50% de etanol e En Bloquear a coloração por imersão durante 24 horas em acetato de uranilo a 2% em etanol a 70%. Continuar a desidratação por imersão durante 10 minutos no seguinte:

Etanol a 95% (duas vezes) e depois etanol a 100% (três vezes).

Infiltração através da inclusão das amostras intestinais em resina de Spurr da seguinte forma:

15 minutos em etanol/resina 1:1, 30 minutos em etanol/resina 1:2 e 60 minutos em resina a 100%. As amostras intestinais foram colocadas na moldagem, cobertas com 100% de resina e cozidas durante a noite a 70°C utilizando um forno IsoTemp da Fisher Scientific. As amostras foram retiradas do molde e observadas ao microscópio de luz, tendo o excesso de resina sido raspado com uma lâmina afiada. Foram obtidas secções finas de cerca de 500 nanómetros (reflexo dourado) com uma faca de diamante "Leica Ultra Cut UCT", colocadas individualmente numa grelha de cobre e visualizadas num microscópio eletrónico de transmissão Zeiss 902.

CAPÍTULO 3

ISOLAMENTO E IDENTIFICAÇÃO DE BACTÉRIAS CELULOLÍTICAS DO TRACTO TRACTO INTESTINAL DAS TÉRMITAS

3.1 Introdução:

Para compreender a degradação da celulose, os microbiologistas estudaram uma grande variedade de microrganismos conhecidos por existirem simbioticamente num conjunto igualmente diversificado de insectos, incluindo baratas e térmitas. As térmitas são necrófagas de resíduos vegetais à base de celulose e, por isso, foram extensivamente estudadas para conhecer o seu microbiota intestinal normal. O trato intestinal de uma térmita operária típica é composto por três grandes divisões: intestino anterior, intestino médio e intestino posterior (Fig.2). O intestino grosso da térmita é o segmento onde residem as bactérias celulolíticas e é o principal local de digestão da celulose. Está bem documentado que várias bactérias são capazes de digerir enzimaticamente a celulose da madeira (Breznak, 1975). Em 1946, Hungate isolou um *actinomiceto* anaeróbio e celulolítico do intestino de térmitas. Este isolado fermentava tanto a celulose como a glucose em dióxido de carbono, tendo como principais produtos os ácidos acético e propiónico. Sabe-se que as bactérias anaeróbias, como o *Clostridium cellulolyticum*, e as aeróbias, como as *Cellulomonas,* produzem celulases que degradam a celulose. Na natureza, as bactérias celulolíticas encontram-se em vida livre no ambiente ou associadas ao trato intestinal de animais herbívoros, como as térmitas e os ruminantes.

Neste estudo, foram recolhidas amostras do trato intestinal de térmitas operárias, *Zootermopsis angusticollis*, para isolar, identificar e cultivar bactérias celulolíticas. A cultura destes isolados foi efectuada utilizando celulose purificada incorporada em meio celulolítico de Clostridia numa câmara anaeróbia Bactron II. O isolamento e a identificação destas bactérias celulolíticas foram efectuados utilizando meios pré-educados, esterilizados anaerobicamente (PRAS), tais como o meio celulolítico de Clostridia ATCC 35319, que foi ligeiramente modificado, meios de crescimento gerais, tais como ágar-sangue, ágar-feniletil-álcool (PEA), ágar-gema de ovo (EYA) e ágar-sangue de Brucella (BBA); para além de outros testes bioquímicos padrão, incluindo catalase, oxidase, produção de indol, urease, redução de nitratos, tolerância ao oxigénio, catalase, oxidase, colorações de Gram, testes API 20 E e API 20 NE. Para a microscopia eletrónica, foram utilizados um microscópio eletrónico de varrimento Philips XL40 e um microscópio eletrónico de transmissão Zeiss 902. A identificação adicional foi efectuada através da sequenciação do ADN ribossómico 16S bacteriano e da sua comparação com uma biblioteca de ADN conhecida. Os dados de sequenciação foram recolhidos utilizando um kit do gene MicroSeq 16S rRNA e um sequenciador de ADN ABI Prism 377. Os produtos finais metabólicos da degradação da celulose foram analisados por Cromatografia Líquida de Alta Eficiência (HPLC) utilizando um Dionex DX500 para deteção de glucose, e por API Systems para a produção de enzimas.

3.2 Métodos e materiais:

Preparação de amostras e isolamento e análise de bactérias:

Duas amostras de 25 térmitas operárias *Zootermopsis angusticollis* foram obtidas da Carolina Biological Supply Company (Burlington, Carolina do Norte). Uma terceira amostra de 25 térmitas *Zootermopsis angusticollis* foi obtida da Ward's Natural Sciences (Rochester, Nova Iorque). Uma quarta amostra de 5 térmitas foi recolhida no terreno na California State University, Hayward. As vísceras foram excisadas assepticamente e imediatamente inoculadas em meio celulolítico, preparado como caldo e placas de ágar, para selecionar bactérias celulolíticas. Os meios celulolíticos foram incubados a 28°C durante 24 a 48 horas numa atmosfera anaeróbia constituída por 5% de CO_2, 5% de H_2 e 90% de N2 numa câmara anaeróbia Bactron II. As colónias individuais do ágar celulolítico foram semeadas para isolamento em ágar MTGE de crescimento geral que foi pré-reduzido, esterilizado anaerobicamente (PRAS) e preparado comercialmente (Anaerobe Systems, Morgan Hill, CA). As colónias puras foram inoculadas em ágar Chocolate e cultivadas aerobicamente em 5% de CO_2 para o teste de aerotolerância para diferenciar os anaeróbios obrigatórios dos anaeróbios facultativos. Os isolados foram também inoculados em ágar feniletilálcool (PEA), ágar gema de ovo (EYA) e ágar Brucella. Foram efectuadas colorações de Gram em todos os isolados. Foram efectuados testes de catalase, oxidase, produção de indol, urease e redução de nitratos em isolados representativos. As análises enzimáticas foram completadas para isolados representativos por inoculação de um painel API ZYM contendo 19 substratos (bioMerieux Vitek, Inc. Hazelwood, MI). O API 20 E é um sistema de identificação para Enterobacteriaceae e outros bastonetes Gram-negativos não fastidiosos, que utiliza 23 testes bioquímicos normalizados para a identificação. O sistema API 20 NE é um micrométodo normalizado para a identificação de bastonetes Gram-negativos não fastidiosos não pertencentes às Enterobacteriaceae. Ambos os sistemas foram fabricados pela bioMerieux Vitek, Inc. Hazelwood, MI. Os dados de ambos os sistemas foram utilizados com o objetivo de recolher informações sobre os isolados e não para identificação (Quadros 1 e 2). Durante todo o projeto foi utilizada uma incubadora Imperial III (Lab-Line Instruments Inc., Melrose Park, IL.) a 28°C, para incubar as bactérias anaeróbias facultativas. Os restantes testes foram efectuados conforme descrito no capítulo 2.

3.3 Resultados

3.3.1 Identificação de bactérias:

Um total combinado de dez espécies celulolíticas de bactérias foi isolado e cultivado a partir de *Zootermopsis angusticollis* comprado e dos tratos intestinais de térmitas recolhidos no campo. Nove espécies foram identificadas como anaeróbios facultativos. Estas espécies eram: os bastonetes Gram-negativos *Buttiauxellia izardii, Sphingomonas paucimobilis* e *Serratia marcescens;* os coccobacilos Gram-negativos *Acinobacter calcoaceticus* e *Ralstonia* sp; o bastonete Gram-positivo *Bacillus cereus;* o coccobacilo aeróbio aci d-fast *Mycobacterium* sp; o coccobacilo Gram-positivo *Microbacterium* sp. e os cocos Gram-positivos *Lactococcus lactis.* A décima espécie foi o anaeróbio obrigatório, formador de endosporos, bastonete Gram-positivo *Clostridium bifermentans. Sphingomonas paucimobilis* foi a única espécie que foi identificada pelo sistema API 20 NE, enquanto *Acinobacter calcoaceticus* foi a única espécie que foi identificada pelo sistema API 20 E (Tabelas 1 e 2), para além da sequenciação de ADN. Os restantes isolados foram identificados por sequenciação do seu 16S rRNA. *O Clostridium bifermentans* foi identificado por sequenciação do DNA 16S rRNA, métodos bioquímicos e testes de sensibilidade a antibióticos contra canamicina, vancomicina, polianetol sulfonato de sódio (SPS) e colistina (Tabela 3).

Os isolados acima combinados produziram as seguintes enzimas: alcalino-fosfatase, esterase (C4), esterase lipase (C8), lipase (C14), leucina arilamidase, leucina arilamidase, valina arilamidase, cistina arilamidase, tripsina, alfa-quimotripsina, fosfatase ácida, naftol-as-bi-phosphohydrolase, alfa galactosidase, P-galactosidase, P-glucuronidase, alfa-glucosidase, P-glucosidase e N-acetil-P-glucosaminidase (quadro 4).

3.4 Discussão:

3.4.1 Microscopia eletrónica:

3.4.1.1 Microscopia eletrónica de varrimento:

Seguindo o procedimento SEM na secção 2.6.1 dos Métodos e Materiais, os tratos intestinais das térmitas foram extraídos, fixados e visualizados usando um microscópio eletrónico de varrimento Philips XL40 para o seu conteúdo. Como se pode ver nas Fig. 3 a 8, os pedaços de madeira e de papel ingeridos estavam colonizados por diferentes tipos de bactérias, incluindo bastonetes, cocos e espiroquetas. Também mostram bactérias ligadas às fibras celulolíticas e umas às outras através de pili. Verificou-se que as bactérias se agregavam em indivíduos, pares e cadeias. (Fig.3) é uma fotomicrografia de um trato intestinal não cortado da térmita; mostra também a pança, o epitélio e as depressões em forma de taça no trato intestinal.

(Fig.4, 6 e 8) mostram a parede intestinal da térmita com microvilosidades; e as depressões em forma de taça no epitélio. (Fig.7) mostra bastonetes col onizando a fibra celul olítica, bactérias em cadeias e bastonetes em divisão. (Fig. 8) mostra cocos simples, bastonetes simples e bactérias ligadas ao epitélio. (Fig. 5) mostra as bactérias a começarem a fixar-se à fibra celulolítica antes de a cobrirem completamente.

3.4.1.2 Microscopia Eletrónica de Transmissão:

Seguindo o procedimento TEM na secção 2.5.2 dos Métodos e Materiais, os tratos intestinais das térmitas foram extraídos, fixados, embebidos e visualizados usando um microscópio eletrónico de transmissão Zeiss 902. As secções longitudinais e transversais dos tratos intestinais das térmitas mostram fibras musculares (Fig. 9 e 10), células epiteliais (Fig. 9, 10 e 12), mitocôndrias (Fig. 11), várias bactérias morfotipos (Fig. 9, 10, 11 e 12), protozoários (Fig.9, 10, 11 e 12), filamentos com a configuração de microtúbulos 9+2 (Fig.11), vacúolos (Fig.9, 10, 11 e 12), aparelho de golgi (Fig.11, 12) e grânulos (Fig.11).

3.4.2 Padrões enzimáticos:

As enzimas que foram produzidas por estes isolados celulolíticos estão listadas na Tabela 5. Os organismos que produzem P-galactosidase, como *Sphingomonas paucimobilis* e *Buttiauxellia izardii*, foram capazes de utilizar a lactose. Organismos como *Serratia marcescens, Sphingomonas paucimobilis, Buttiauxellia izardii, Ralstonia, Mycobacterium* sp., *Acinetobacter calcoaceticus* e *Bacillus cereus* foram capazes de produzir fosfatases alcalinas e ácidas para hidrolisar uma grande variedade de fosfóesteres. A produção de esterase, esterase-lipase e lipase por *Microbacterium* sp., *Sphingomonas paucimobilis, Ralstonia, Mycobacterium* sp., *Acinetobacter calcoaceticus, Bacillus cereus, Lactococcus lactis* e *Clostridium bifermentans* indicou que estes organismos eram capazes de hidrolisar ésteres e lípidos. A tripsina e a alfa-quimotripsina são enzimas hidrolisantes do grupo das proteases que catalisam a hidrólise de uma ligação peptídica entre pares de aminoácidos. Os organismos que produzem tripsina e alfa-quimotripsina, como o *Bacillus cereus*, são capazes de hidrolisar proteínas. A leucina arilamidase, a valina arilamidase e a cistina arilamidase são enzimas que hidrolisam aminoácidos. Estas enzimas foram produzidas por *Serratia marcescens, Microbacterium* sp., *Sphingomonas paucimobilis, Ralstonia, Mycobacterium* sp., *Acinetobacter calcoaceticus, Bacillus cereus, Lactococcus lactis* e *Buttiauxellia izardii*, o que indica que estes organismos são capazes de hidrolisar amino ácidos. A P-glucosidase hidrolisa a celobiose em glucose e foi produzida por *Serratia marcescens, Sphingomonas paucimobilis, Buttiauxellia izardii* e *Lactococcus lactis.*

3.4.3 Análise por HPLC:

Dois tipos de bactérias foram isolados de térmitas *Zootermopsis angusticollis*. Um isolado foi identificado por análise de DNA como *Serratia marcescens* e o segundo isolado não pôde ser identificado devido à falta de material genómico suficiente. O terceiro tipo de bactéria foi isolado do trato intestinal das térmitas recolhidas no campo e foi identificado por análise de ADN como *Lactococcus lactis*. Estes três isolados foram analisados qualitativamente por HPLC para a produção de glucose a partir da degradação da celulose (Fig. 13 e Tabela 5).

Os isolados foram preparados utilizando os procedimentos indicados em Métodos e Materiais , secção 2.4. As alíquotas foram injectadas num Dionex DX500 para análise por cromatografia iónica (IC), que é um ramo especial da HPLC. As alíquotas foram empurradas individualmente através de uma coluna de 4mm x 250mm de Carbopac PA1 por uma fase móvel; neste caso, a fase móvel foi NaOH 150mM. À medida que a mistura atravessava a coluna, os hidratos de carbono, como a glucose, a frutose, a sacarose e a lactose, eram separados e atravessavam a coluna a diferentes velocidades. O tempo que o hidrato de carbono individual demora a atravessar toda a coluna é designado por tempo de retenção. O tempo de retenção foi representado no eixo X do cromatograma gerado. À medida que os hidratos de carbono saíam da coluna, eram detectados utilizando um detetor amperométrico pulsado ED40, que gerava um impulso elétrico como resposta. Esta resposta é uma corrente integrada (carga) que foi medida em nano-coulombs (nc) e foi representada no eixo Y do cromatograma. O traçado do tempo de retenção em relação à resposta no cromatograma gera um pico. A contagem da área sob este pico está diretamente correlacionada com as concentrações de hidratos de carbono no meio, mas não representa as concentrações reais. Para calcular as concentrações exactas de hidratos de carbono na amostra, os hidratos de carbono são medidos em relação a concentrações conhecidas de padrões de hidratos de carbono. Para simplificar, esta contagem de áreas é designada por "unidades" (Fig.13).

O meio celulolítico não inoculado foi utilizado como controlo e continha 51,6 unidades de glucose. Os isolados foram inoculados no meio e incubados aerobicamente a 28°C. As alíquotas foram recolhidas em intervalos específicos, filtradas para remover as bactérias e analisadas quanto à glucose (Tabela 5, Fig.13). *O Lactococcus lactis* consumiu toda a glucose do meio nas primeiras 12,5 horas e não mostrou qualquer atividade durante as 21 horas seguintes, durante as quais a glucose não foi detectada. Subsequentemente, a glucose foi detectada nas 15 horas seguintes, indicando que o organismo estava a produzir enzimas que degradavam a celulose em glucose. Durante as 10,5 horas seguintes, a quantidade de glucose no meio diminuiu gradualmente abaixo do nível de deteção, indicando que a taxa de consumo de glucose era mais rápida do que a sua substituição. A sobreposição da taxa de consumo de glucose à curva de crescimento bacteriano conduz à seguinte hipótese: na fase inicial de desfasamento da curva de crescimento, o consumo de glucose é lento. Durante a fase logarítmica, o consumo de glucose acelera e a sua presença no meio desce abaixo do nível detetável. Segue-se uma segunda fase de atraso longo, que conduz a uma segunda fase logarítmica, designada por um aumento da produção de glucose resultante de uma maior degradação da celulose. Quando o organismo entra na segunda fase logarítmica, o nível de glucose desce novamente.

Este estudo revela que, à medida que o organismo passa por estas fases lag-log, a degradação da celulose flutua em conformidade. A acumulação de produtos residuais e o esgotamento da celulose conduzem à morte do organismo. Para compreender melhor este processo, é necessária uma análise de alíquotas colhidas com maior frequência e analisadas quanto à glucose e outros subprodutos, como os hidratos de carbono.

A Serratia marcescens consumiu a glucose disponível nas 12,5 horas iniciais e produziu imediatamente enzimas que decompõem a celulose em glucose. A produção de glucose atingiu o seu pico às 13 horas, com 17,1 unidades, um terço da quantidade original. A relação produção/consumo de glucose manteve-se constante durante as 23 horas seguintes. Durante as 100 horas seguintes, a concentração de glucose diminuiu lentamente abaixo do nível detetável.

Estes dados podem ser explicados da seguinte forma: na fase inicial de atraso (cerca de 4 horas), o organismo estava a adaptar-se às novas condições ambientais e consumiu uma pequena quantidade de glucose. Quando o organismo entrou na primeira fase de registo, consumiu a glucose disponível em cerca de 8,5 horas. Durante as 13 horas seguintes, o organismo produziu enzimas que degradaram a celulose em glucose, aumentando a concentração de glucose no meio. O nível de glucose manteve-se constante durante as 23 horas seguintes, indicando que o organismo se encontrava numa fase estacionária. Nesta altura, a acumulação de produtos residuais e o esgotamento da celulose abrandaram a taxa metabólica do organismo de tal forma que a concentração de glucose no meio era inferior ao nível de deteção.

O terceiro isolado comportou-se de forma semelhante aos outros dois, consumindo toda a glucose do meio em 9 horas e não mostrou qualquer atividade durante as 16,5 horas seguintes, período durante o qual a glucose não foi detectada. Após 33,5 horas, 13,1 unidades de glucose foram detectadas, indicando que o organismo estava a produzir enzimas que degradavam a celulose em glucose. A produção/consumo de glucose continuou durante as 15 horas seguintes. Subsequentemente, a taxa de consumo de glucose tornou-se mais elevada do que a taxa de produção até que a sua concentração desceu abaixo do nível de deteção.

A partir desta experiência, ficou claro que os três isolados preferiam utilizar a glucose disponível e conservar a sua energia. Quando a glucose se esgotou, os organismos produziram as enzimas necessárias para digerir a celulose em glucose. O controlo do ambiente através da remoção dos produtos residuais e da reposição da celulose pode assegurar um fornecimento contínuo de glicose a partir da degradação da celulose.

3.4.4 Análise de ADN:

A análise do ADN foi efectuada através da sequenciação do ARN ribossómico 16S bacteriano. O ARN ribossómico 16S foi extraído, amplificado e analisado de acordo com os procedimentos indicados na secção 2.5 dos Métodos e Materiais. A presença do genoma amplificado foi confirmada por eletroforese, como se mostra na (Fig.14). O genoma foi purificado e enviado para o Centro Genético do Estado da Califórnia

Universidade de Hayward para sequenciação. O processo incluiu a utilização de um kit do gene MicroSeq 16S rRNA com um sequenciador de ADN ABI Prism 377, seguido de um processo BLAST para comparar a sequência dos isolados desconhecidos com sequências de assinatura conhecidas. Após a identificação dos isolados, as sequências foram enviadas para o Centro Nacional de Informação Biotecnológica (www.Ncbi. nlm.nih. gov).

3.4.5 Caraterísticas das bactérias isoladas:

O Acinetobacter calcoaceticus está estreitamente relacionado com o *Acinetobacter baumannii e* pode ser confundido com este último; trata-se de um cocobacilo Gram-negativo não fermentador que é catalase positivo e oxidase negativo. *As Acinetobacter* spp. estão amplamente distribuídas na natureza e nos hospitais, perdendo apenas para as *Pseudomonas* (Murray et al., 1999). Reside no solo e na água e produz bioemulsificantes como o emulsan, que é uma forma de biossurfactantes com maior peso molecular que ajuda na remoção de metais (Maier et al., 2000). Não é patogénico para indivíduos saudáveis, mas pode causar infecções em indivíduos debilitados. O organismo foi identificado por API 20E e sequenciação de ADN.

O Bacillus cereus é um bastonete Gram-positivo em cadeias, formador de endosporos (centrais e ovais) e catalase positivo. O seu habitat principal é o solo. É patogénico para os seres humanos, causando doenças de origem alimentar e infecções oportunistas, nas quais produz enterotoxinas estáveis ao calor e lábeis ao calor. Forma colónias brancas e mate que são beta-hemolíticas em ágar sangue.

Buttiauxellia izardii é um bastonete Gram negativo, amarelo-pigmentado, da família Enterobacteriaceae. É catalase positivo, oxidase negativo e pode ser encontrado no ambiente.

Clostridium bifermentans é um bastonete Gram-positivo anaeróbio obrigatório, formador de endosporos, que não cresceu em ágar chocolate em CO_2. Foi identificado por análise de ADN. Os testes de sensibilidade aos antibióticos revelaram sensibilidade à canamicina e à vancomicina e resistência à colistina e ao polianetol sulfonato de sódio (SPS) (Quadro 3). *O Clostridium* é um dos géneros maiores e mais diversificados e necessita de uma revisão da sua classificação (Murray et al., 1999).

O Clostridium spp. pode ser encontrado no solo e no trato intestinal dos animais e dos seres humanos. *O Clostridium bifermentans* causa mionecrose (gangrena gasosa), a degradação do tecido muscular (Murray et al., 1999).

Lactococcus lactis: é um cocos Gram-positivo, catalase e oxidase negativo. Pode ser encontrado em produtos lácteos crus, noutros alimentos e em vegetação e plantas. É um agente patogénico oportunista de baixa virulência, formalmente classificado como estreptococos do grupo N de Lancefield (Murray et al., 1999).

Microbacterium sp. é um coccobacilo Gram positivo com pigmentação verde, oxidase e catalase negativas, e não reduz o nitrato. *Mycobacterium* sp. é um coccobacilo aeróbio que é difícil de corar pelo método de Gram. É ácido-rápido e não pode ser identificado utilizando tiras API (Murray et al., 1999). Pode ser tipado através de impressões digitais de ADN utilizando a análise de polimorfismo de comprimento de fragmentos de restrição (RFLP).

As micobactérias são os agentes causadores de doenças humanas graves, incluindo a tuberculose e a lepra (Murray et al., 1999). As micobactérias são isolados comuns do solo que têm um crescimento lento mas têm a capacidade de degradar muitos contaminantes orgânicos e são relativamente resistentes à desinfeção por cloração e cloraminas (Maier et al., 2000). As micobactérias atípicas foram isoladas de água bruta e de água oligotrófica ou essencialmente isenta de nutrientes. Outras espécies de *Mycobacterium*, como o *M. avium*, têm sido associadas a sistemas de água quente.

Ralstonia sp. é um coccobacilo Gram-negativo, com pigmentação castanha, catalase e oxidase positivas, que está estreitamente relacionado com *Pseudomonas* sp. (Maier et al., 2000).

A Serratia marcescens é uma bactéria Gram-negativa, em forma de bastonete, catalase positiva e oxidase negativa. Está amplamente disseminada pelo ambiente e é considerada um agente patogénico nosocomial (Murray et al., 1999). Algumas estirpes produzem um pigmento vermelho quando incubadas à temperatura ambiente.

A Sphingomonas paucimobilis é uma bactéria Gramnegativa amarela-pigmentada, em forma de bastonete, que é catalase e oxidase positiva, e era anteriormente conhecida como *Pseudomonas paucimobilis* (Murray et al., 1999). Foi identificada por API 20 NE e sequenciação de ADN. Encontra-se amplamente distribuída no ambiente, na água e nos hospitais. É de importância clínica porque pode habitar o sangue humano, o líquido cefalorraquidiano, o líquido peritoneal, a urina, as feridas, a vagina e o colo do útero (Murray et al., 1999).

3.5 Conclusão:

Os resultados desta investigação indicam que o trato intestinal das térmitas *Zootermopsis angusticollis* inclui as seguintes bactérias como parte da sua microbiota normal: os anaeróbios facultativos, *Acinobacter calcoaceticus, Bacillus cereus, Buttiauxellia izardii, Microbacterium* sp., *Mycobacterium* sp., *Ralstonia* sp, *Serratia marcescens, Sphingomonas paucimobilis,* e o anaeróbio obrigatório, *Clostridium bifermentans. Lactococcus lactis* é também um anaeróbio facultativo que foi isolado das térmitas recolhidas no campo. Estes organismos possuem uma série de enzimas, incluindo a celulase, e, por conseguinte, podem degradar a celulose em produtos finais úteis. Estas enzimas são: fosfatase alcalina, esterase (C4), esterase lipase (C8), lipase (C14), leucina arilamidase, leucina arilamidase, valina arilamidase, cistina arilamidase, tripsina, alfa-quimotripsina, fosfatase ácida, naftol-as-bi-phosphohydrolase, alfa-galactosidase, P-galactosidase, P-glucuronidase, alfa-glucosidase, P-glucosidase e N-acetil-P-glucosaminidase. Dadas as condições ambientais adequadas, os isolados celulolíticos, individualmente ou em combinação, podem fornecer uma comunidade microbiana que aumenta enzimaticamente a eficácia da decomposição da celulose.

CAPÍTULO 4

ISOLAMENTO E IDENTIFICAÇÃO DE BACTÉRIAS CELULOLÍTICAS DO TRACTO INTESTINAL DO CAMARÃO TRACTO INTESTINAL DO CAMARÃO

4.1 Introdução:

Estudos anteriores tinham demonstrado que o microbiota bacteriano anaeróbio intestinal normal de animais aquáticos como a carpa herbívora *Ctenopharyngodon idella,* o peixe dourado *Carassius auratus* e a truta arco-íris *Oncorhynchus mykiss* incluía os seguintes géneros *Clostridium, Peptostreptococcus, Bacteroides* e *Fusobacterium* (Trust et al., 1979). Verificou-se que estas bactérias produzem enzimas como a celobiase, a amilase, a protease, a casease e a lipase, que são úteis na digestão. Neste estudo, tentei isolar, identificar e caraterizar as bactérias celulolíticas que existem como flora normal no intestino do camarão branco, *Litopenaeus vannamei.* Os resultados deste estudo irão determinar o papel das bactérias intestinais na digestão da celulose.

Na natureza, as bactérias celulolíticas encontram-se em vida livre no ambiente ou associadas ao trato intestinal de animais herbívoros, como as térmitas e os ruminantes. Recentemente, foram encontrados anaeróbios obrigatórios que produzem carboximetilcelulase no trato intestinal de peixes marinhos herbívoros (Stellwag et al, 1995). Uma vez que a flora bacteriana anaeróbia intestinal normal dos peixes marinhos herbívoros e dos crustáceos é em grande parte desconhecida e não estudada, os crustáceos, como o camarão branco, *Litopenaeus vannamei,* foram considerados bons candidatos para um exame mais aprofundado para isolar e identificar as bactérias celulolíticas incluídas no seu microbiota intestinal.

4.2 Métodos e materiais:

As amostras de camarão foram obtidas do Dr. Shaun Moss, The Oceanic Institute, Waimanalo Hawaii. Os camarões foram mantidos de acordo com o seguinte protocolo:

Foram instalados corredores de 58 cm^2 cobertos de biossegurança com juvenis de camarão branco do Pacífico, *Litopenaeus vannamei*, isentos de agentes patogénicos específicos (SPF). Os camarões receberam uma ração comercial com 35% de proteínas e 2,5% de lulas *ad libitum.* A água das pistas de rega recirculou através de um filtro de pérolas concebido para clarificação e biofiltração. Foram colhidas amostras intestinais semanalmente durante 12 semanas de dois grupos experimentais diferentes. Os intestinos médio e posterior foram excisados assepticamente, colocados em meio de transporte anaeróbico e enviados para o laboratório de doenças de peixes da CSUH para isolamento e identificação de bactérias anaeróbicas e celulolíticas e para análise enzimática. Os restantes testes foram efectuados como descrito no capítulo 2.

4.3 Resultados:

4.3.1 Identificação de bactérias:

Um total combinado de sete espécies de bactérias celulolíticas foi isolado e cultivado a partir do trato intestinal de *Litopenaeus vannamei.* Seis espécies foram identificadas como anaeróbios facultativos. Estas espécies eram: bastonetes Gram-negativos *Aeromonas hydrophila* e *Enterobacter cloacae,* coccobacilos Gram-negativos *Serratia rubidaea* e *Shewanella colwelliana,* e cocos Gram-positivos *Enterococcus faecium* e *Enterococcus gallinarum.* A sétima espécie foi identificada como o bastonete Gram-positivo anaeróbio obrigatório *Clostridium bifermentans. Aeromonas hydrophila* foi identificada pelo sistema API 20 NE, enquanto *Serratia rubidaea* foi identificada pelo sistema API 20 E e ambas as identidades foram confirmadas por sequenciação do ADN 16S rRNA. *O Clostridium bifermentans* foi identificado por sequenciação do ADN do ARNr 16S (quadro 5), por métodos bioquímicos e por testes de sensibilidade aos antibióticos contra a canamicina, a vancomicina, o polianetol sulfonato de sódio (SPS) e a colistina (quadro 6). Os restantes isolados não puderam ser identificados pelos sistemas API, mas foram identificados por sequenciação do ADN do 16S rRNA.

4.3.2 Padrões enzimáticos:

Aeromonas hydrophila, Enterobacter cloacae, Enterococcus faecium, Enterococcus gallinarum, Serratia rubidaea e *Shewanella colwelliana* produziram, em conjunto, as seguintes enzimas fosfatases alcalinas e ácidas, esterase (C4), lipase esterase (C8), lipase (C14), leucina, valina e cistina arilamidase, tripsina, alfa-quimotripsina, naftol-as-bi-phosphohydrolase, alfa-galactosidase, P-galactosidase, alfa-glucosidase, (P-glucosidase e N-acetil-P-glucosaminidase (Tabela4). O padrão enzimático para *Clostridium bifermentans* foi: lipase esterase (C8), fosfatase ácida e naftol-as-bi-phosphohydrolase.

4.4 Discussão:

Na natureza, a celulose é a fonte orgânica mais abundante de alimentos, combustíveis e produtos químicos (Spano et al., 1975); é o biopolímero mais abundante na Terra e é o principal componente da biomassa vegetal (Payot et al., 1998). A celulose é um polímero de cadeia longa constituído por unidades repetidas de glucose ligadas por ligações P-1-4-glicosídicas (Fig.1). No entanto, a sua utilidade como fonte de nutrientes depende da hidrólise dos seus blocos de construção, os precursores do açúcar. A degradação é efectuada por celulases que actuam em conjunto para hidrolisar a celulose dos resíduos de madeira e do papel em subunidades de açúcares. Estes açúcares, por sua vez, podem ser utilizados como fontes de carbono na fermentação para produzir ácidos e álcoois. Um sistema enzimático celulósico consiste em três componentes principais: endo-P-glucanase, que é a 1,4-P-D-glucano glucanohidrolase que corta aleatoriamente as cadeias de celulose, produzindo glucose e celo-oligossacáridos; exo-P-glucanase, que é a 1,4-P-D-glucano celobiohidrolase que ataca a celulose cristalina para produzir celobiose; e P-glucosidase, que é a celobiase que hidrolisa a celobiose em glucose (Reese et al.,1950).

Está bem documentado que várias bactérias são capazes de digerir enzimaticamente a celulose da madeira (Tokuda et al., 2000). As bactérias anaeróbias, como o *Clostridium cellulolyticum,* e as bactérias aeróbias, como as *Cellulomonas,* são conhecidas por produzirem celulases que degradam a celulose. Os Clostridia são bactérias importantes do ponto de vista industrial; por exemplo, *o Clostridium acetobutylicum* pode fermentar vários açúcares para formar os solventes de valor comercial, acetona e butanol, na seguinte via:

Celulose^ Celobiose ^ Glucose ^ Ácido pirúvico^ Ácidos acético e fórmico ^ Ácido butírico^ Butanol (Prescott, 1999).

O papel do microbiota bacteriano anaeróbio normal na digestão de nutrientes, na produção ou na prevenção de doenças não foi objeto de uma investigação aprofundada em animais inferiores. Estudos anteriores tinham demonstrado que a flora bacteriana anaeróbia intestinal normal de animais aquáticos como a carpa herbívora *Ctenopharyngodon idella,* o peixe dourado *Carassius auratus* e a truta arco-íris *Oncorhynchus mykiss* incluía géneros como *Clostridium, Peptostreptococcus, Bacteroides* e *Fusobacterium* (Trust et al., 1979). Verificou-se que estas bactérias produzem enzimas como a celobiase, a amilase, a protease, a casease e a lipase que são úteis na digestão. Neste estudo, foi isolado, identificado e caracterizado um total combinado de sete espécies de bactérias celulolíticas do trato intestinal do camarão branco *Litopenaeus vannamei.* Seis espécies foram identificadas como anaeróbios facultativos. Estas espécies eram: os bastonetes Gram-negativos *Aeromonas hydrophila* e *Enterobacter cloacae,* os cocobacilos Gram-negativos *Serratia rubidaea* e *Shewanella colwelliana,* os cocos Gram-positivos *Enterococcus faecium* e *Enterococcus gallinarum.* A sétima espécie foi identificada como um bastonete Gram-positivo *Clostridium bifermentans*, formador de esporos, anaeróbio obrigatório. Estes isolados foram subcultivados e cultivados utilizando celulose purificada em meio celulolítico de Clostridia numa câmara anaeróbia Bactron II. Subsequentemente, estes isolados foram identificados utilizando testes bioquímicos padrão e sequenciação de ADN. A HPLC foi utilizada para detetar açúcares provenientes da degradação da celulose (Dionex DX500).

O quadro 4 enumera as enzimas produzidas por estes isolados celulolíticos. A produção de P-galactosidase indica que o organismo pode fermentar a lactose. A produção de fosfatases alcalinas e ácidas indica que o organismo pode hidrolisar uma grande variedade de fosfóesteres. A produção de esterase significa que o organismo hidrolisa ésteres. A tripsina e a alfa-quimotripsina são enzimas hidrolisantes do grupo das proteases, que catalisam a hidrólise de uma ligação peptídica entre pares de aminoácidos, resultando na hidrólise de proteínas; a presença destas enzimas significa que o organismo é capaz de digerir proteínas. A leucina arilamidase, a valina arilamidase e a cisteína arilamidase são enzimas que hidrolisam aminoácidos, e a sua presença significa que o organismo está a utilizar aminoácidos. A P-glucosidase hidrolisa a celobiose em glucose e a sua presença significa que o organismo é capaz de decompor a celobiose em glucose. A N-acetil1-P-glucosaminidase é uma enzima envolvida na digestão de proteínas; a sua presença significa que o organismo está a utilizar proteínas. Nesta experiência, a celulose foi a única fonte de alimento para estas bactérias. Por conseguinte, a produção destas enzimas indicou que estas bactérias celulolíticas são capazes de degradar a celulose em compostos mais pequenos que podem ser facilmente consumidos.

4.4.1 Análise por HPLC:

Três isolados não identificados do trato intestinal de *Litopenaeus vannamei* foram selecionados para serem testados quanto à produção de glucose por HPLC. Os isolados foram preparados utilizando os procedimentos indicados na secção 2.4 Métodos e materiais. As alíquotas foram injectadas num Dionex DX500 para análise por cromatografia iónica (IC), que é um ramo especial da HPLC. As alíquotas foram empurradas individualmente através de uma coluna de 4mm X 250mm de Carbopac PA1 por uma fase móvel; neste caso, a fase móvel foi NaOH 150mM. À medida que a mistura percorria a coluna, os hidratos de carbono, como a glucose, a frutose, a sacarose e a lactose, eram separados e pressionados através da coluna a diferentes velocidades. O tempo que cada hidrato de carbono demora a atravessar toda a coluna é designado por tempo de retenção. O tempo de retenção foi representado no eixo X do cromatograma gerado. À medida que os hidratos de carbono saíam da coluna, eram detectados por um detetor amperométrico pulsado ED40, que gerava um impulso elétrico como resposta. Esta resposta é uma corrente integrada (carga) que foi medida em nano-coulombs (nc) e foi representada no eixo Y do cromatograma. O traçado do tempo de retenção em relação à resposta no cromatograma gera um pico. A contagem da área sob este pico está diretamente correlacionada com as concentrações de hidratos de carbono no meio, mas não representa as concentrações reais. Para calcular as concentrações exactas de hidratos de carbono na amostra, os hidratos de carbono devem ser medidos em relação a concentrações conhecidas de padrões de hidratos de carbono. Para simplificar, esta contagem de áreas é designada por "unidades" (quadro 7 e figura 15).

O meio celulolítico não inoculado foi utilizado como controlo e verificou-se que continha 51,6 unidades de glucose. Os isolados foram inoculados no meio e incubados aerobicamente a 28°C. As alíquotas foram recolhidas em intervalos específicos, filtradas e analisadas quanto à glucose (Quadro 7 e Fig. 15).

Dois dos organismos produziram resultados duplicados e foram confirmados por análise de ADN como sendo o mesmo organismo, *Serratia rubidaea. A Serratia rubidaea* consumiu toda a glucose do meio em cerca de 9 horas. A glucose não foi detectada durante o resto da experiência, apesar de o padrão enzimático *da Serratia rubidaea* indicar que era capaz de produzir P-glucosidase para hidrolisar a celobiose em glucose. Este facto pode ser explicado da seguinte forma: *A Serratia rubidaea* produziu uma pequena quantidade de glucose que não foi detectada; ou *a Serratia rubidaea* consumiu a glucose à medida que esta era produzida e, por conseguinte, não foi detectada; ou a glucose esteve presente entre as amostragens e não foi detectada. Para melhorar esta experiência, é necessária a análise da glucose a partir de alíquotas colhidas com maior frequência e a análise de outros subprodutos, como os hidratos de carbono, com base numa curva padrão com concentrações conhecidas.

O terceiro isolado, *Shewanella colwelliana,* identificado por análise de ADN, era um organismo de crescimento lento. Consumiu toda a glucose do meio em cerca de 59 horas e não mostrou qualquer atividade de glucose durante as 89 horas seguintes. Às 148 horas, foram detectadas 5,6 unidades de glucose, o que significa que o organismo estava a produzir enzimas para digerir a celulose em glucose. Isto pode ser explicado da seguinte forma: uma vez que o organismo tem um crescimento lento, pode ter acabado de entrar na fase de registo e ter começado a digerir a celulose para produzir glucose como fonte de energia. Em alternativa, a deteção de glucose pode não ter sido efectuada devido a uma amostragem pouco frequente, ou as quantidades produzidas podem ter sido inferiores ao nível de deteção. Ou ainda, a celulose pode ter sido digerida em outros hidratos de carbono que não a glucose. O objetivo desta experiência era detetar a presença de glucose sem quantificação como subproduto da degradação da celulose. O próximo passo para melhorar esta experiência seria determinar a quantidade e o tempo de produção de açúcar quando os isolados estão a degradar a celulose. Este objetivo pode ser alcançado utilizando uma maior quantidade de caldo celulolítico com amostragens mais frequentes em relação a uma curva padrão com concentrações conhecidas.

4.4.2 Análise de ADN:

A análise do ADN foi efectuada através da sequenciação do ARN ribossómico 16S bacteriano dos isolados desconhecidos. O ARN ribossómico 16S foi extraído, amplificado e analisado de acordo com os procedimentos indicados na secção 2.5 dos métodos e material. A presença do genoma amplificado foi confirmada por eletroforese, como se mostra na (Fig. 14). O genoma foi purificado e enviado para o Genetic Center da California State University, Hayward, para sequenciação. O processo incluiu a utilização de um kit do gene MicroSeq 16S rRNA com um sequenciador de ADN ABI Prism 377, seguido de um processo BLAST para comparar a sequência do isolado desconhecido com sequências de assinatura conhecidas. Após a identificação do isolado, a sequência foi submetida ao Centro Nacional de Informação Biotecnológica (www.Ncbi. nlm.nih. gov).

4.4.3 Caraterísticas dos isolados:

4.4.3.1 Isolados do primeiro lote da bactéria Intestinal Tratamentos de *Litopenaeus vannamei:*

Foram identificados e caracterizados três isolados celulolíticos da primeira amostra do trato intestinal do camarão branco, *Litopenaeus vannamei*. Estes isolados foram:

Serratia rubidaea: é um coccobacilo Gram-negativo que é catalase positivo e oxidase negativo. Provoca infecções do trato gastrointestinal e infecções nosocomiais em seres humanos (Murray et al., 1999). Foi identificada pela API 20 E e pela sequenciação do 16S rRNA. *A Serratia rubidaea* pode ser encontrada no ambiente e no rúmen. Em ambientes ricos em carbono, *a Serratia rubidaea* realiza uma redução dissimilatória do nitrato a amónio para produzir energia (Maier et al., 2000). O primeiro passo neste processo é a redução do nitrato a nitrito, sendo a energia produzida neste passo. O segundo passo é a redução do nitrito a amoníaco. *Serratia rubidaea* produziu as seguintes enzimas: fosfatase alcalina e ácida, indicando que era capaz de hidrolisar uma ampla variedade de fosfóesteres; esterase (C4), lipase esterase (C8) e lipase (C14), indicando que o organismo era capaz de hidrolisar ésteres; leucina arilamidase, é uma enzima que hidrolisa aminoácidos, e sua presença indica que o organismo estava utilizando aminoácidos; A P-glucosidase indica que o organismo era capaz de hidrolisar a celobiose em glucose; a N-acetil-P-glucosaminidase é uma enzima envolvida na digestão de proteínas e a sua presença indica que o organismo estava a utilizar proteínas; o naftol-as-bi- fosfohidrolase e a alfa-glucosidase são outras enzimas produzidas pela *Serratia rubidaea. A Shewanella colwelliana* era formalmente conhecida como *Pseudomonas putrefaciens* (Murray et al., 1999). É um coccobacilo Gram-negativo que é catalase e oxidase positivo. Contém pigmentos castanhos solúveis em água. O isolado produziu as seguintes enzimas fosfatase alcalina e ácida, indicando que era capaz de hidrolisar uma ampla variedade de fosfómeros; esterase (C4), lipase esterase (C8), indicando que o organismo era capaz de hidrolisar ésteres; a leucina arilamidase é uma enzima que hidrolisa aminoácidos e a sua presença indica que o organismo estava a utilizar aminoácidos; a tripsina e a alfa-quimotripsina são enzimas hidrolisantes do grupo das proteases, que catalisam a hidrólise de uma ligação peptídica entre pares de aminoácidos, resultando na hidrólise de proteínas; a presença destas enzimas indica que o organismo era capaz de digerir proteínas; a N-acetil-P-glucosaminidase é outra enzima envolvida na digestão de proteínas; a naftol-as-bi-phosphohydrolase foi outra enzima produzida pela *Shewanella colwelliana.*

O terceiro isolado era um bastonete Gram-positivo, anaeróbio obrigatório, formador de endosporos que não crescia em ágar chocolate em 5% de CO_2. Foi posteriormente determinado por análise de ADN como sendo *Clostridium bifermentans.* Os testes de sensibilidade aos antibióticos mostraram que *o Clostridium bifermentans* era sensível à canamicina e à vancomicina, mas resistente à colistina e ao polianetol sulfonato de sódio (SPS) (Tabela 6). *O Clostridium* é um dos géneros maiores e mais diversificados e necessita de uma revisão da sua classificação (Murray et al, 1999). *O Clostridium* spp. pode ser encontrado no solo e no trato intestinal de animais e humanos. *O Clostridium bifermentans* causa mionecrose (gangrena gasosa), a degradação do tecido muscular (Murray et al., 1999). Produziu as seguintes enzimas: leucina arilamidase, fosfatase ácida e naftol-as-bi- fosfohidrolase, indicando que hidrolisa fosfóesteres e aminoácidos. As restantes caraterísticas destes isolados são apresentadas nos quadros 1, 2 e 6.

4.4.3.2 Isolados do segundo lote do trato intestinal de *Litopenaeus vannamei:*

Foram identificados e caracterizados cinco isolados celulolíticos da segunda amostra do trato intestinal do camarão branco, *Litopenaeus vannamei*. Estes isolados foram:

A Aeromonas hydrophila, um bastonete Gram-negativo, é catalase e oxidase positiva, e foi identificada pelo API 20NE. Encontra-se principalmente em ecossistemas aquáticos de todo o mundo. Nos seres humanos, causa infecções intestinais e extra-intestinais e está implicada como agente de diarreia em associação com o consumo de água não tratada (Murray et al., 1999). *A Aeromonas hydrophila* produziu as seguintes enzimas: fosfatases alcalinas e ácidas, indicando que pode hidrolisar uma ampla variedade de fosfóesteres; esterase (C4), lipase esterase (C8), lipase (C14), indicando que pode hidrolisar ésteres; leucina arilamidase, valina arilamidase e cistina arilamidase, indicando que utiliza aminoácidos; tripsina e

alfa-quimotripsina, indicando que era capaz de digerir proteínas; P-galactosidase, indicando que podia fermentar a lactose; a P-glucosidase hidrolisa a celobiose em glucose e a sua presença indicava que o organismo era capaz de decompor a celobiose em glucose; A N-acetil-P-glucosaminidase é uma enzima envolvida na digestão de proteínas e a sua presença indicava que o organismo estava a utilizar proteínas; a alfa-glucosidase é outra enzima produzida por *Aeromonas hydrophila. Enterococcus gallinarum,* um cocos Gram-positivo, é catalase e oxidase negativo. Tem a capacidade de crescer em cloreto de sódio a 6,5%, pH 9,6 e 45°C. Produziu as seguintes enzimas: fosfatase ácida, esterase (C4), lipase esterase (C8), leucina arilamidase, cistina arilamidase, alfa-quimotripsina, naftol-as-bi- fosfohidrolase, alfa-galactosidase, P-galactosidase, P-glucosidase e N-acetil1-P-glucosaminidase, o que indica que pode hidrolisar uma grande variedade de fosfoésteres, ésteres, aminoácidos e proteínas, celobiose em glucose, lactose e outros hidratos de carbono. *O Enterococcus faecium,* um cocos Gram-positivo, é catalase e oxidase negativo. Tem a capacidade de crescer em cloreto de sódio a 6,5%, pH 9,6 e 45°C. É mais específico do intestino humano e, por conseguinte, a sua presença numa amostra pode ser uma indicação de contaminação fecal. Produz as seguintes enzimas: esterase (C4), lipase esterase (C8), leucina arilamidase, cistina arilamidase, fosfatase ácida e P-galactosidase, o que indica que pode hidrolisar fosfoésteres, ésteres, aminoácidos, proteínas e lactose.

Enterobacter cloacae é um bastonete Gram-negativo, catalase positivo e oxidase negativo. Pode ser encontrado nas plantas, no solo, na água e nos intestinos dos animais e dos seres humanos. *As Enterobacter* parecem confundir os sistemas comerciais disponíveis para identificação (Murray et al., 1999). Foi identificada por sequenciação do 16S rRNA. É utilizado como organismo de bioensaio no Teste de Resposta ao Crescimento de Coliformes (CGR) porque o seu crescimento pode ocorrer em concentrações de nutrientes muito inferiores às de outros organismos como a *Escherichia coli.* O CGR é um teste utilizado para determinar a quantidade de matéria orgânica biodegradável disponível para os microrganismos num sistema de distribuição de água (Maier et al., 2000). Produz as seguintes enzimas: fosfatase ácida, alfa-galactosidase e P-galactosidase, indicando que pode hidrolisar fosfóesteres, lactose e outros hidratos de carbono.

O quinto isolado era o anaeróbio obrigatório *Clostridium bifermentans* e foi descrito na secção 4.4.3.1.

4.4 Conclusão:

Os resultados desta investigação indicam que o trato intestinal do camarão *Litopenaeus vannamei* incluía as seguintes bactérias como parte do seu microbiota intestinal normal: os anaeróbios facultativos: *Aeromonas hydrophila, Enterobacter cloacae, Serratia rubidaea, Shewanella colwelliana, Enterococcus faecium, Enterococcus gallinarum* e o anaeróbio obrigatório *Clostridium bifermentans.* Verificou-se que estes organismos produzem uma série de enzimas que podem hidrolisar fosfoésteres, ésteres, aminoácidos e proteínas, celobiose em glucose, lactose e outros hidratos de carbono. Estas enzimas são: fosfatases alcalinas e ácidas, esterase (C4), lipase esterase (C8), lipase (C14), leucina arilamidase, valina arilamidase, cistina arilamidase, tripsina, alfa-quimotripsina, naftol-as-bi-phosphohydrolase, alfa-galactosidase, P-galactosidase, alfa-glucosidase, P-glucosidase e N-acetil-P-glucosaminidase. Dadas as condições ambientais adequadas, os isolados celulolíticos, individualmente ou em combinação, podem fornecer uma comunidade microbiana que aumenta enzimaticamente a eficácia da decomposição da celulose.

CAPÍTULO 5

DISCUSSÃO e CONCLUSÃO

5.1 Discussão:

Nesta investigação, foram utilizadas duas fontes de diferentes condições ambientais para isolar bactérias celulolíticas. A primeira fonte foi o intestino de térmitas operárias *Zootermopsis angusticollis*, mantidas com uma dieta 100% celulósica, e a segunda fonte foi o intestino do camarão branco, *Litopenaeus vannamei,* mantido com uma dieta comercial 35% proteica. Uma bactéria celulolítica comum, *Clostridium biferrnentans,* foi isolada de ambas as fontes. Outro isolado comum de ambas as fontes foi o género *Serratia. A Serratia rubidaea* foi isolada do intestino do camarão branco, enquanto *a Serratia marcescens* foi isolada do intestino das térmitas.

Foram identificados mais isolados bacterianos celulolíticos nas térmitas do que nos camarões. Dez espécies de bactérias celulolíticas foram isoladas do intestino dos cupins, enquanto sete espécies celulolíticas foram isoladas do intestino dos camarões. A bactéria aeróbica *Mycobacterium* sp. foi isolada apenas do intestino das térmitas, enquanto o restante dos isolados de ambas as fontes eram anaeróbios facultativos. Oito anaeróbios facultativos foram isolados do intestino das térmitas e seis foram isolados do intestino dos camarões.

Estes isolados eram capazes de produzir uma vasta gama de enzimas que digeriam lípidos, proteínas e hidratos de carbono (Quadro 5). Os isolados do intestino do camarão produziram enzimas que digerem principalmente lípidos e proteínas. Isto pode ser atribuído ao facto de os camarões serem alimentados com uma dieta que contém uma elevada percentagem de proteínas (35%).

No entanto, o intestino do camarão continha isolados capazes de digerir celulose e hidratos de carbono, necessários para degradar o componente de algas da dieta.

Os isolados do intestino das térmitas produziram uma série de enzimas capazes de digerir lípidos e hidratos de carbono, mas foram detectadas poucas proteases.

5.2 Conclusão:

Os resultados desta investigação indicam que o trato intestinal das térmitas *Zootermopsis angusticollis* e o trato intestinal do camarão *Litopenaeus vannamei* incluem as seguintes bactérias como parte da sua flora normal: os anaeróbios facultativos, *Acinobacter calcoaceticus, Bacillus cereus, Buttiauxellia izardii, Microbacterium* sp., *Mycobacterium* sp., *Ralstonia* sp, *Serratia marcescens, Sphingomonas paucimobilis, Aeromonas hydrophila, Enterobacter cloacae, Serratia rubidaea, Shewanella colwelliana, Enterococcus faecium, Enterococcus gallinarum* e o anaeróbio obrigatório *Clostridium biferrnentans. Lactococcus lactis,* outro anaeróbio facultativo, foi isolado apenas das térmitas recolhidas no campo.

Na natureza, estas bactérias celulolíticas foram encontradas em vida livre no ambiente, na água, na vegetação e nas plantas. Também se verificou que viviam associadas ao trato intestinal de animais herbívoros e crustáceos como as térmitas e o camarão branco.

Verificou-se que estes organismos produzem coletivamente uma série de enzimas que podem hidrolisar fosfoésteres, ésteres, aminoácidos e proteínas. Verificou-se que produzem celobiose que hidrolisa a celobiose em glucose. A lactose e outros hidratos de carbono também foram produzidos ao hidrolisar a celulose. Estas enzimas incluem: fosfatase alcalina e ácida, esterase (C4), lipase esterase (C8), lipase (C14), leucina arilamidase, leucina arilamidase, valina arilamidase, cistina arilamidase, tripsina, alfa-quimotripsina, naftol-as-bi-phosphohydrolase, alfa-galactosidase, P-galactosidase, glucuronidase, alfa-glucosidase, P-glucosidase e N-acetil-P-glucosaminidase.

A P-glucosidase é uma enzima celobiase que faz parte do sistema enzimático celulósico e que é necessária para hidrolisar a celobiose em glucose no processo de digestão da celulose. Verificou-se que a P-glucosidase é produzida por estas bactérias celulolíticas.

Dadas as condições ambientais adequadas, acredita-se que estes isolados celulolíticos, individualmente ou em combinação, podem fornecer uma comunidade microbiana que aumenta enzimaticamente a eficácia da decomposição da celulose em produtos finais úteis, incluindo a glucose.

Em conclusão, o trabalho descrito nesta tese contribui para a compreensão do crescente conjunto de informações sobre as bactérias celulolíticas e a degradação da celulose. Foi feita uma tentativa de isolar, identificar e compreender as bactérias celulolíticas e o seu papel na natureza para reciclar a celulose. São necessários mais ensaios e investigação para elucidar completamente as capacidades destas bactérias na degradação da celulose para produzir produtos finais úteis, especialmente glucose.

Referências:

1) Breznak J. A. (1975). Relações simbióticas entre térmitas e a sua microbiota intestinal. Sociedade para a Biologia Experimental. Cambridge University Press. Symbiosis 29:559-580.

2) Breznak J. A. e Pankratz H. S. (1975). Morfologia In Sito da Microbiota Intestinal de Térmitas Comedoras de Madeira *Reticulitermes flawpes* (Kollar) e *Coptotermes formosanus* (Shiraki). Aplic. Environ. Micro. 33:406-426.

3) Burchhardt G. e Bahl H. (1991). Clonagem e análise do gene codificador da beta-galactosidase de *Clostridium thermosulfurogenes* EMI. Gene. 106:13-19.

4) Butler J. H. A. e Buckerfield J.C. (1979). Digestão de lignina por térmitas. Soil Biol. Biochem. 11:507-513.

5) Desvaux M., Guedon E. e Petitdemanage H. (2000). Cellulose Catabolism by *Clostridium cellulolyticum* Growing in Batch Culture on Defined Medium. Appl. Environ. Micro. 66:2461-2470.

6) Dixon, B. A. e Ramirez R. (2001). Anaerobic gut flora as potential probiotics 10th International Conference of the EAFP, Dublin, Ireland. 9-14 de setembro.

7) Gelhaye E., Gehin A., e Petitdemange H. (1993). Colonização de celulose cristalina por *Clostridium cellulolyticum* ATCC 35319. Appl. Environ. Micro. 59:3154-3156.

8) Gelhaye E., Petitdemange H., e Gay R. (1993). Adesão e taxa de crescimento de *Clostridium cellulolyticum* ATCC 35319 em celulose cristalina. J. Bacterio. 175:3452-3458.

9) Gelhaye E., Gehin A., Benoit L. e Petitdemange H. (1993). Efeitos da celobiose na colonização da celulose por um *Clostridium* mesofílico e celulolítico (estirpe C401). J. Gen. Micro. 139: 2819-2824.

10) Guedon, E., M. Devaux, e Petitdemange H. (1999). Inibição do crescimento de *Clostridium cellulolyticum* por um fluxo de carbono regulado de forma ineficiente. Micro. 145:1831-1838.

11) Le Chevalier P. e Van Wormhoudt, A. (1998). Aalpha-glucosidase from thehepatopancreas of the shrimp, *Penaeus vannamei* (Crustacea-Decapoda). J. Exp. Zoo. 280: 384-394.

12) Lo N. (1998). Um gene da celulose de origem das térmitas. Nature. 394:330-331.

13) Maier R. M., Pepper I. L. e Gerba C. P. (2000). Biogiochemical Cycling. Environ. Micro. Academic Press. p:319-346.

14) Matano Y., Park J., Goldstein M. e Doi R. (1994). Cellulose Promotes Extracellular Assembly of *Clostridium cellulovorans* Cellulosome. J. Bacterio. 176:6952-6956.

15) Mauldin J. K. (1977). Catabolismo da celulose e síntese de lípidos por térmitas normais e anormalmente faunadas, *Reticulitermes flavipes.* Insect Biochem. 7:27-31.

16) Mermelstein L.D. e Papoutsakis E.T. (1993). Metilação in vivo em *Escherichia coli* pela fago pH3T I metiltransferase *de Bucillus subtilis* para proteger os plasmídeos da restrição após a transformação de *Clostridium acetobutylicum* ATCC 824. Appl. Environ. Micro. 59:1077-1081.

17) Mermelstein L.D., Papoutsakis E.T., Petersen D.J. e Bennett G. N. (1993). Engenharia metabólica de *Clostridium acetobutylicum* ATCC 824 para aumentar a produção de solventes através do reforço das actividades enzimáticas de formação de acetona utilizando um operão de acetona sintético. Biotecnol. Bioeng. 42:1053-1060.

18) Murray P., Baron E., Pfaller M., Tenover F. e Yolken R. (1999). Manual of Clinical Microbiology. Sociedade Americana de Microbiologia. 7:25-689.

19) Payot S., Guedon E., Cailliez C., Gelhaye E. e Petitdemange H. (1998). Metabolismo da celobiose por *Clostridium cellulolyticum* em cultura contínua: evidência da diminuição da reoxidação de NADH como fator limitante do crescimento . Micro. 144:375-384.

20) Prescott L. M., Harley J. P. e Klein D. A. (1999). Metabolismo: A geração de

energia. Microbiologia. 4:175-253.

21) Prescott L. M., Harley J. P. e Klein D. A. (1999). Bactérias: Os Gram positivos de baixo G + C. Microbiology. 4:489-521.

22) Ramirez R., e Dixon, B.A. (2003). Produção de enzimas por bactérias anaeróbias intestinais obrigatórias isoladas de Óscares *(Astronotus ocellatus),* peixes-anjo *(Ptterophyllum scalare)* e solha-das-pedras *(paralichthys Lethosligma).* Aquaculture *In Press.*

23) Reese, E., Siu, R., e Levinson, H. (1950). The Biological Degradation of Soluble Cellulose Derivatives and Its Relationship to the Mechanism of Cellulose Hydrolysis [A degradação biológica de derivados de celulose solúveis e sua relação com o mecanismo de hidrólise da celulose]. J. Bacteriol. 59:485-497.

24) Schultz J. E. e Breznak J. A. (1978). Bactérias heterotróficas presentes nos intestinos de cupins comedores de madeira *Reticulitermes flavipes* (Kollar). Appl. Environ. Micro. 35:930-936.

25) Shanta Kumara, M.M.C., Decort, S., e Verachteert M. (1993). Localização e caraterização da atividade da alfa-glucosidase em Brettanomyces Lambicus. Appl. Environ. Micrbio. 63:2352-2358.

26) Spano, L., Medeiros, J., e Mandels M. (1975). Enzymatic Hydrolysis of Cellulosic Waste to Glucose. Divisão de Combate à Poluição, Food Svcs. Lab, US Army Natick Labs. Natick, MA.

27) Stellwage E.J., Smith T.D., e Luczkovich J. J. (1995). Caracterização e Ecologia das Comunidades de Bactérias Anaeróbias Produtoras de Carboximetilcelulase Associadas ao Trato Intestinal de Pinfish, *Langodon rhomboids.* Appl.Environ. Micrbio. 61:813-816.

28) Tamaru Y e Doi R. H. (2000). O grupo de genes engl de *Clostridium cellulovorans* contém um gene para ManA celulossómico. J. Bacterio. 128:244-247.

29) Tokuda G., Yamaoka I. e Noda H. (2000). Localização de Clostridia Simbiótica no Segmento Misto da Térmita *Nasutitermes takasagoensis* Shiraki. Appl. Environ.

Micro. 66:2199-2207.

30) Trust T.J., Bull L.M., Currie B.R. e Buckley J.T. (1979). Obligate anaerobic bacteria in the gastrointestinal microflora of the grass carp *(Ctenopharyngodon idella),* goldfish *(Carassius auratus),* and rainbow trout *(Oncorhynchus mykiss).* J. Fish. Res. Board Can. 36:1174-1179.

31) Tummala S. B., Welker N. E. e Papoutsakis E. T. (1999). Desenvolvimento e caraterização de um sistema repórter de expressão génica para *Clostridium acetobutylicum* ATCC 824. Appl. Environ. Micro. 65:3793-3799.

Quadros e figuras:

Quadro 1: api 20 E para Enterobacteriaceae

	Serratia rubidaea	Shewanella colwelliana	Aermonas hydrophila	Enterococcus gallinarum	Enterococcus faecium	Enterobacter cloacae	Serratia marcescens	Ralstonia sp.	Mycobacterium sp.	Microbacterium sp.	Sphingomonas paucimobilis	Buttiauxellia izardii	Acinobacter calcoaceticus	Bacillus cereus	Lactococcus lactis	(unknown)
Gram Stain	-CB	-CB	-R	+C	+C	-R	-R	-CB	+CB	+CB	-R	-R	-CB	+R	+CB	-R
N2 reduction to N2 gas				-	-			-	-	-	-		-		-	
NO2 production	+	+	+	-	-	+	+	-	-	-	-	+	-	+	-	+
OX cytochrome-oxidase	-	+	+	-		-	-	+	-	-	+	-	-	+	-	+
ARA fermentation/oxidation of arabinose	+	-	+	-	+	-	+	-	+	-	-	+	+	-	-	-
AMY fermentation/oxidation of amygdalin	+	-	-	-	-	-	+	-	-	-	-	+	-	-	-	+
MEL fermentation/oxidation of melibiose	+	-	+	-	+	-	+	-	+	-	-	+	+	-	-	-
SAC fermentation/oxidation of sucrose	+	-	-	-	-	+	+	-	-	-	-	-	-	-	-	+
RHA fermentation/oxidation of rhamnose	-	-	+	-	+	-	+	-	-	-	-	+	-	-	-	-
SOR fermentation/oxidation of sorbitol	-	-	+	+	+	+	-	-	-	-	-	-	-	-	-	+
INO fermentation/oxidation of inositol	+	-	+	+	+	+	-	-	-	-	-	-	-	-	-	+
MAN fermentation/oxidation of mannitol	+	-	-	-	+	-	+	-	-	-	-	+	-	-	-	+
GLU fermentation/oxidation of glucose	+	-	-	+	-	-	-/+	-/+	+	-	-	+	+	-	-	-
GEL gelatinase	+	+	+	-	-	-	-	+	-	-	-	-	-	+	-	+
VP acetoin production	-	-	+	+	+	-	-	-	-	-	-	-	-	+	+	-
IND Indole production	-	-	+	-	-	-	-	-	-	-	-	-	-	-	-	-
TDA tryptophane deaminase	-	+	-	-	-	-	-	-	-	-	-	-	-	-	-	-
URE urease	-	-	+	-	-	-	-	-	-	-	-	-	-	-	-	-
H2S production	-	+	-	-	-	-	-	-	-	-	-	-	-	-	-	-
CIT citrate utilization	+	+	+	-	-	-	+	+	-	-	-	-	-	-	-	+
ODC ornithine decarboxylase	-	+	-	-	-	-	+	-	-	-	-	+	-	-	-	+
LDC lysine decarboxylase	-	-	+	-	-	-	-	-	-	-	-	-	-	-	-	+
ADH arginine dihydrolase	-	-	+	+	+	-	+	-	-	-	-	-	-	+	+	+
ONPG beta-galactosidase	+	-	+	+	+	+	+	-	-	-	-	+	-	-	-	+

Tabela 2: api 20 NE para não Enterobacteriaceae

Gram Stain	-CB	-CB	-R	+C	+C	-R	-R	-CB	+CB	+CB	-R	-R	-CB	+R	+CB	-R
OX cytochrome-oxidase	-	+	+	-	-	-	-	+	-	-	+	-	-	+	-	+
PAC phenyl-acetate assimilation	+	-	-	-	-	-	+	-	+	-	-	+	+	-	-	+
CIT citrate assimilation	+	-	+	-	-	-	+	+	+	-	-	+	+	+	-	+
MLT malate assimilation	+	+	+	-	-	-	+	+	+	+	+	+	+	+	-	+
ADI adipate assimilation	-	-	-	-	-	-	-	+	+	-	-	-	+	+	-	-
CAP caprate assimilation	+	+	+	-	-	-	-	+	+	-	-	-	+	-	-	+
GNT gluconate assimilation	+	-	+	-	-	+	+	+	-	-	-	+	-	+	-	+
MAL maltose assimilation	+	-	+	+	-	+	+	+w	-	+	+	+	-	+	-	+
NAG N-acetyl-glucosamine assimilation	+	+	+	+	-	+	+	-	-	-	+w	+	-	-	-	+
MAN mannitol assimilation	+	-	+	+	-	+	+	-	-	+	-	+	-	+	-	+
MNE mannose assimilation	+	-	+	+	-	+	+	-	-	+	+	+	-	+	-	+
ARA arabinose assimilation	+	-	+	-	-	+	+	-	+	-	+	+	+	+	-	+
GLU glucose assimilation	+	-	+	-	-	+	+	-	-	+w	+	+	-	+	-	+
PNPG B-galactosidase	+	-	+	+	+	+	+	-	-	+w	+w	+	-	-	-	+
GEL gelatinase, hydrolysis, protease	+	+	+	-	-	-	-	-	-	-	-	-	-	+	-	+
ESC esculin, hydrolysis (B-glucosidase)	+	+	+	+	+	+	-	-	-	-	+	+	-	+	+	+
URE urease	-	-	-	-	-	-	-	-	-	-	-	-	-	+	-	-
ADH arginine dihydrolase	-	-	+	+	+	-	+	-	-	-	-	-	-	+	+	-
GLU glucose acidification	+	-	+	+	+	+	+	-	+,	-	-	+	-	-	+	-
TRP tryptophane, indol production	-	-	+	-	-	-	-	-	-	-	-	-	-	-	-	-
N2 reduction of nitrates to nitrogen				-	-			-	-	-	-		-		-	
NO2 reduction of nitrates to nitrites	+	+	+	-	-	+	+	-	-	-	-	+	-	+	-	+
	Serratia rubidaea	Shewanella colwelliana	Aermonas hydrophila	Enterococcus gallinarum	Enterococcus faecium	Enterobacter cloacae	Serratia marcescens	Ralstonia sp.	Mycobacterium sp.	Microbacterium sp.	Sphingomonas paucimobili	Buttiauxellia izardii	Acinobacter calcoaceticus	Bacillus cereus	Lactococcus lactis	(unknown)

Tabela 3; Caraterísticas das bactérias isoladas do intestino de térmitas mortas

Isolate Number	Chocolate	Color on Choc.	Gram Stain	Morphology	Catalase	Oxidase	ID by api 20E	ID by api 20 NE	PCR ID
Yellow	G	Gray Slimy	-	Rods	+	-	Enterobacter intermedium	No ID	Buttiauxellia izardii
White	G	White Slimy	NA	CB	+	-	Acinobacter calcoaceticus	Acinetobacter baumannii	Mycobacterium sp.
TZB (Flat)	G	White dull, B-hemolytic	+	Rods in chains	+	+	No ID	No ID	Bacillus cereus
TZB (dome)	G	White Shiny	-	Rods	+	-	Acinobacter calcoaceticus	Acinetobacter baumannii	Acinobacter calcoaceticus
Yellow2	G	Yellow	-	Rods	+	+	No ID	Sphingomonas paucimobilis	Sphingomonas paucimobilis
Green	G	Green	+	CB	-	-	No ID	No ID	Microbacteriu m sp
Brown	G	Brown	-	CB	-	+	No ID	No ID	Ralstonia sp
DB	G	NA	-	Rods	+	-	No ID	No ID	Serratia marcescens
Student	G	NA	+	Coccus	-	-	No ID	No ID	Lactococcus lactus
Direct gut	NG	NA	+	Rods	-	-	NA	NA	Clostridium bifermentans

Antibiotic disk pattern

	K	VA	SPS	Co
Direct gut	S	S	R	R

K: Kanamycin Co: Colistin
VA: Vancomycin SPS: Sodium Polyanethol Sulfonate

Quadro 4: api Z YM

	Serratia rubidaea	Shewanella colwelliana	Aermonas hydrophila	Enterococcus gallinarum	Enterococcus faecium	Enterobacter cloacae	Serratia marcescens	Ralstonia sp.	Mycobacterium sp.	Microbacterium sp.	Sphingomonas paucimobilis	Buttiauxellia izardii	Acinobacter calcoacticus	Bacillus cereus	Lactococcus lactis	(unknown)	Clostridium bifermentans
20 Alpha-fucosidase	-	-	-	-	-	-	-	-	-	-	-	-	-	-	-	-	-
19 Alpa-mannosidase	-	-	-	-	-	-	-	-	-	-	-	-	-	-	-	-	-
18 N-acetyl-B-glucosaminidase	+	+	+	+	-	-	+	-	-	-	+	+	-	-	+	+	-
17 B-glucosidase	+	-	+	+	-	-	-	-	-	-	+	+	-	-	+	+	-
16 Alpha-glucosidase	+	-	+	-	-	-	-	-	-	+	+	+	-	+	+	+	-
15 B-glucuronidase	-	-	-	-	-	-	-	-	-	-	-	+	-	-	-	-	-
14 B-galactosidase	-	-	+	+	+	+	+	-	-	-	+	+	-	-	-	+	-
13 Alpha- galactosidase	-	-	-	+	-	+	+	-	-	-	-	+	-	-	-	-	-
12 Naphthol-AS-BI-phosphohydrolase	+	+	-	+	-	-	+	+	+	+	+	+	-	+	+	+	+
11 Acid phosphatase	+	+	+	+	+	+	+	+	+	-	+	+	+	+	-	+	+
10 Alpha-chymotrypsin	-	+	+	+	-	-	-	-	-	-	-	-	-	+	-	-	-
9 Trypsin	-	+	+	-	-	-	-	-	-	-	-	-	-	+	-	-	-
8 Cystine arylamidase	-	-	+	+	+	-	-	-	-	-	-	+	+	+	-	-	-
7 Valine arylamidase	-	-	+	-	-	-	-	-	+	+	+	+	+	+	-	-	-
6 Leucine arylamidase	+	+	+	+	+	-	+	+	+	+	+	+	+	+	+	+	-
5 Lipase (C 14)	+	-	+	-	-	-	-	-	+	-	+	-	-	-	-	-	-
4 Esterase Lipase (C 8)	+	+	+	+	+	-	-	+	+	+	+	-	+	+	+	+	+
3 Esterase (C 4)	+	+	+	+	+	-	-	-	+	-	-	-	+	+	-	+	-
2 Alkaline phosophatase	+	+	+	-	-	-	+	+	+	-	+	+	+	+	-	+	-

Tabela 6: Caraterísticas das bactérias isoladas do intestino do camarão.

Isolate Number	Choc.	Gram Stain	Morphology	EYA anaerobe	Cat.	Oxidase	Indole	Urease	Motility	Nitrate	ID by api 20e	ID by api 20 NE	ID by PCR
10-1, 10-6	G	-	CB	+, Brown	+	+	-	NA	-	-	No ID	Shewanella puterfaciens	Shewanella colwelliana
10-4, 10-10	G	-	CB	Le,Li,Pr	+	+	-	+	+	-	Serratia rubidaea	Aero.hydrro/caviae, or Vibirio fluvialis	Serratia rubidaea
10-7**	NG	+	Rods	Le	-	-	+	-		-	NA	NA	Clostridium bifermentans
4-4	G	-	Rods	NA	+	+	+	-	+	+	No ID	Aeromonas hydrophila caviae	Aermonas hydrophila
4-5A	G	+	C	NA	-	-	-	-	+	-	No ID	No ID	Enterococcus gallinarum
4-5B	G	-	Rods	NA	+	-	-	-	+	+	No ID	No ID	Enterobacter cloacae
4-9	G	+	C	NA	-	-	-	-	-	-	No ID	No ID	Enterococcus faecium

G Growth
W Weak Growth
Li Sheen=Lipase
Le Opaque=Lecithinase
Pr Protelysis
CB CoccoBacillus
** B-hemolytic on Brucella anaerobe

Antibiotic disk pattern

	K	VA	SPS	Co
10-7	S	S	R	R

K: Kanamycin
VA: Vancomycin
SPS: Sodium Polyenethol Sulfonate
Co: Colistin

Figure 1

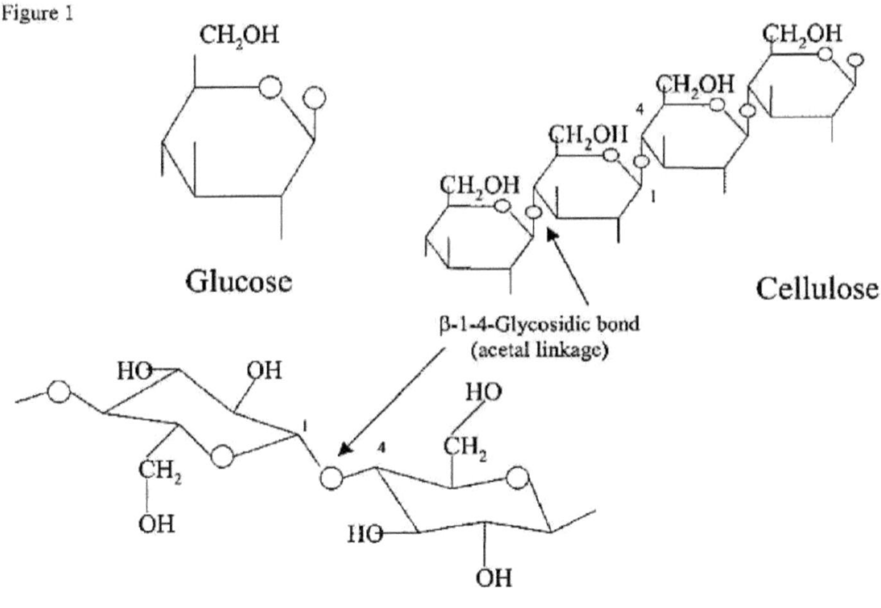

Anéis de piranose da molécula de celulose com outros grupos que não o hidrogénio na periferia dos anéis (posição equatorial).

Figura 2

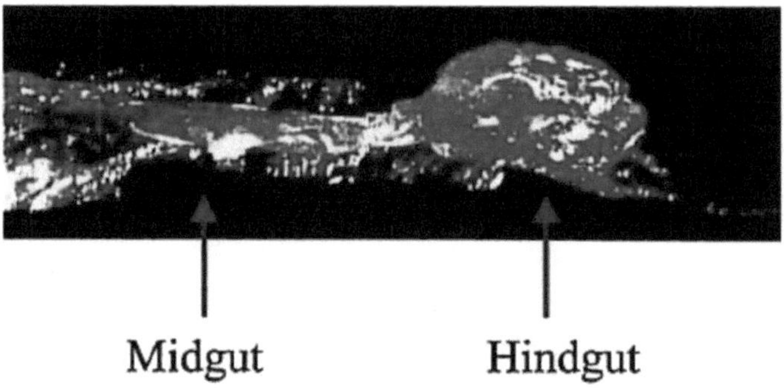

An extracted gut of a worker termite

Figura 3

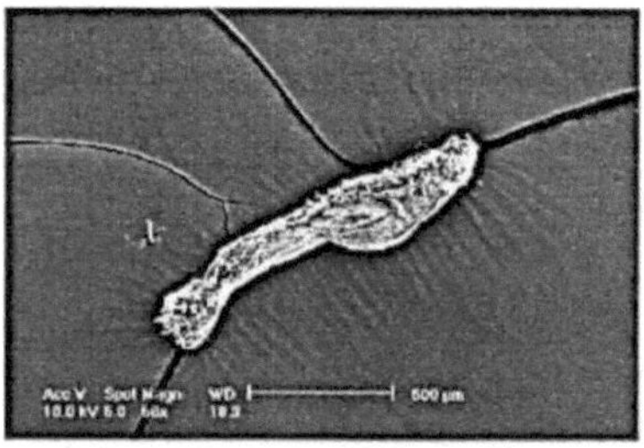

Complete termite intestinal tract

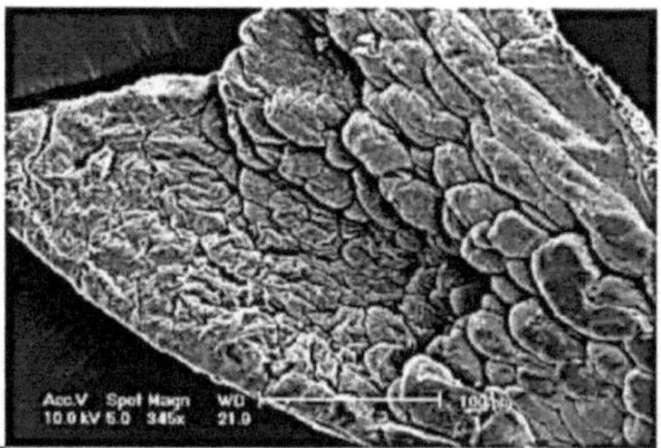

The epithelium and cuplike depressions

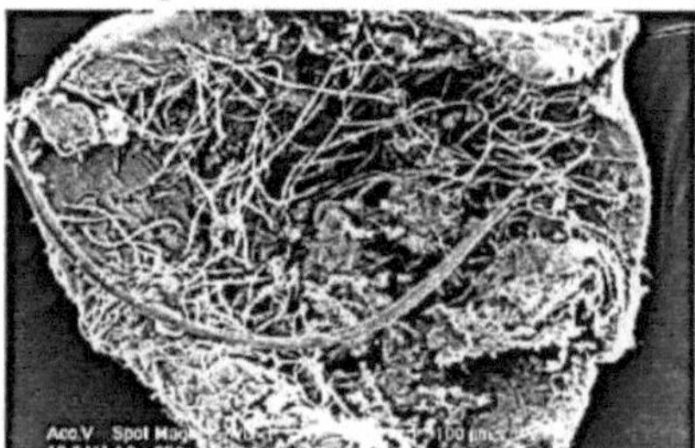

The Paunch

Figure 4

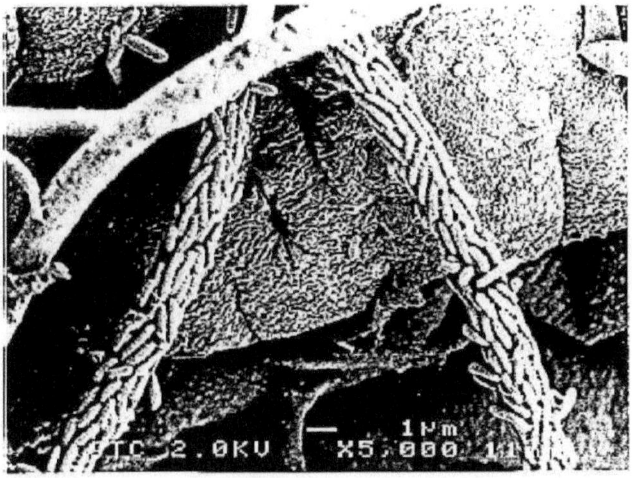

Bacteria
in
Termite
Hindguts

Electrofotomicrografia do intestino de uma térmita, onde os pedaços de madeira e papel ingeridos foram colonizados por diferentes tipos de bactérias, incluindo bastonetes, cocos e espiroquetas. Também mostra bactérias ligadas às fibras celulolíticas e que comunicam entre si através de pili. Esta imagem mostra também a parede intestinal da térmita com as suas microvilosidades e depressões em forma de taça no epitélio.

Figura 5

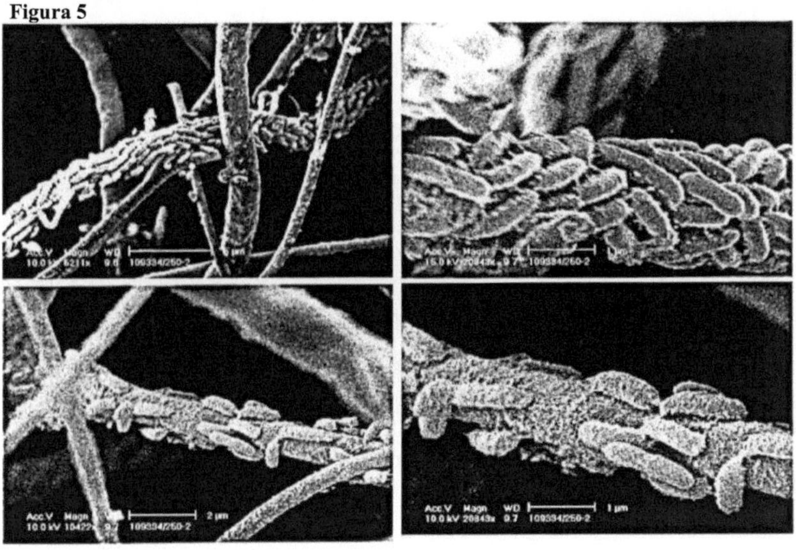

Cellulolytic bacteria attaching to cellulose

Figura 6

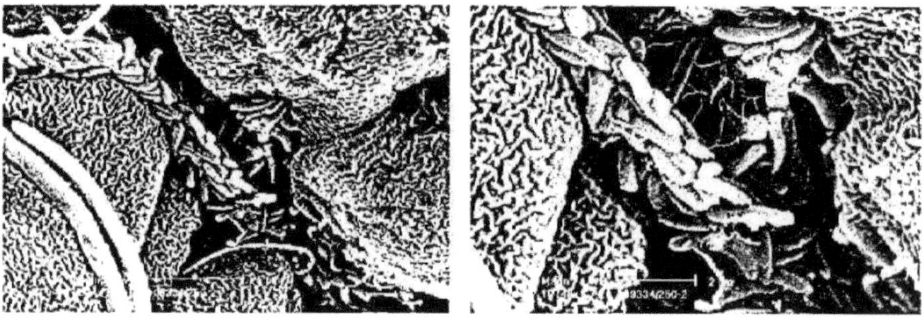

Cellulolytic bacteria colonizing cellulose in the termite gut

Figura 7

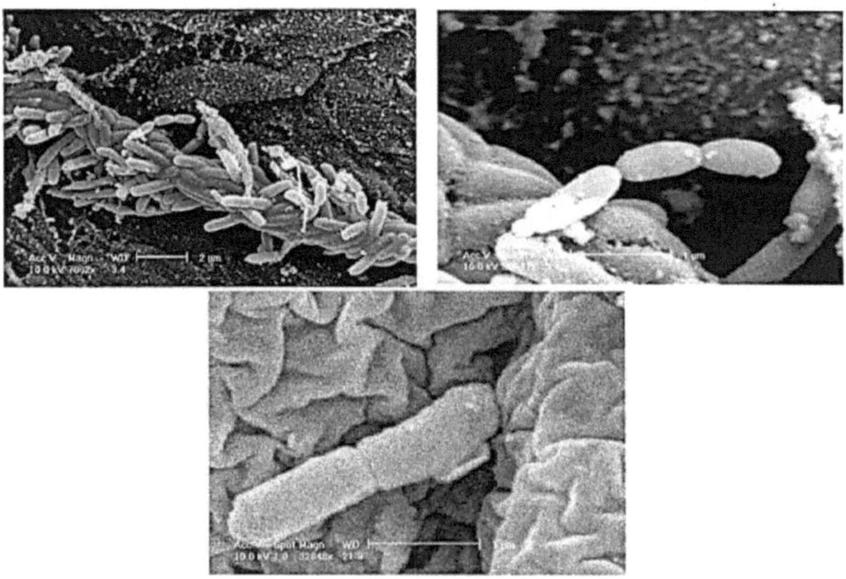

Cellulolytic bacteria in chains

Diferentes morfotipos bacterianos

Figura 8

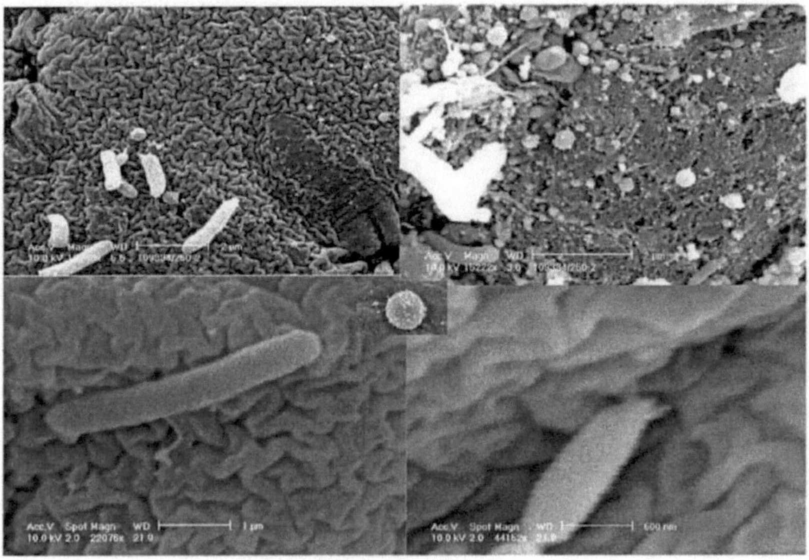

Attachment to the gut

Figura 9

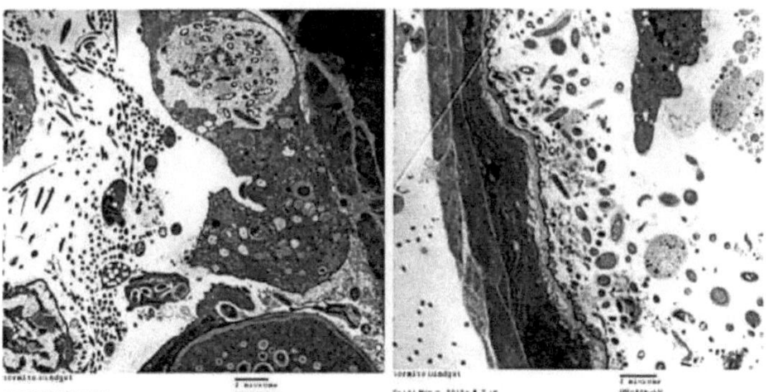

Secções longitudinais e transversais do trato intestinal das térmitas mostrando fibras musculares, células epiteliais, parede intestinal, vários morfotipos de bactérias, protozoários e vacúolos

Figura 10

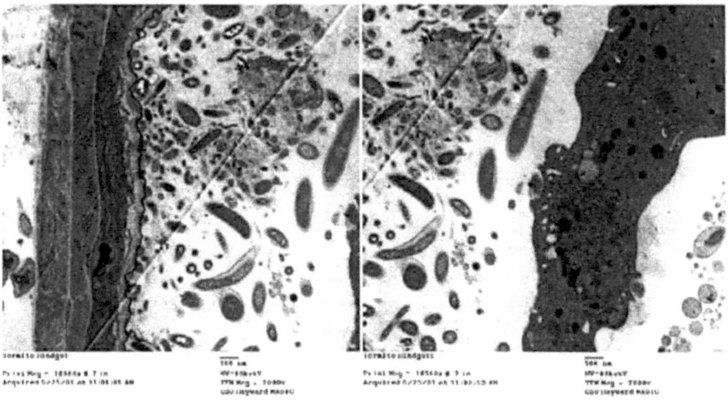

Músculos intestinais, superfície da mucosa, lúmen, protozoários e morfotipos bacterianos

Figura 11

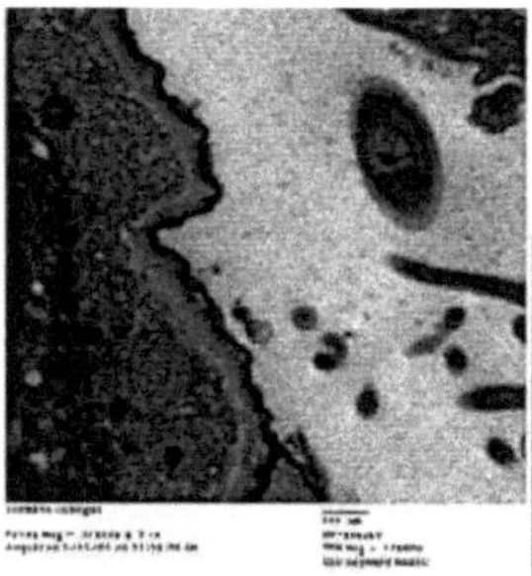

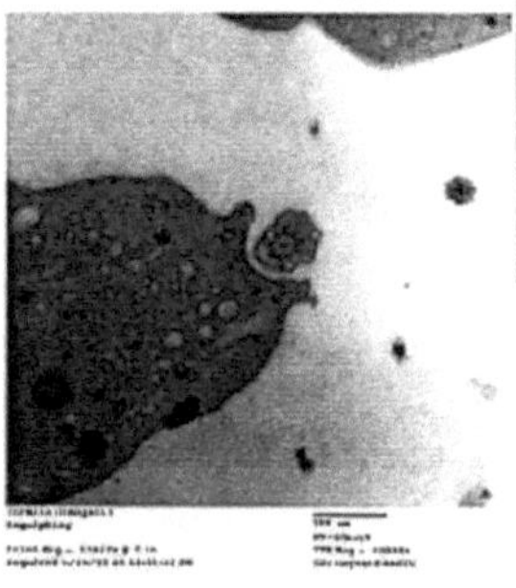

Cross sections of the termite gut showing mitochondria, several bacterial morphotypes, protozoa, filaments with the 9+2 microtubules configuration, vacuole, golgi apparatus and granules

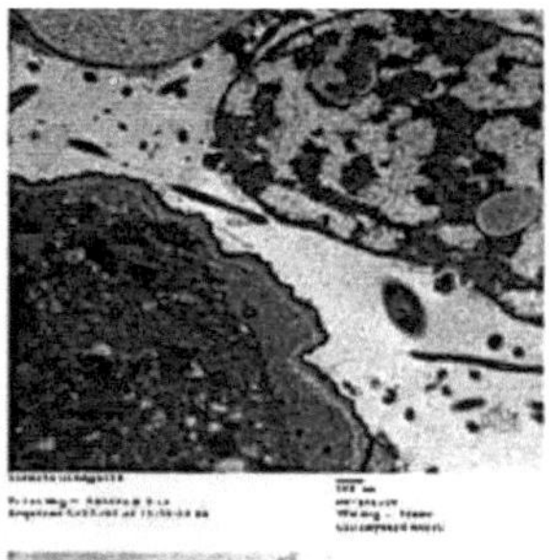

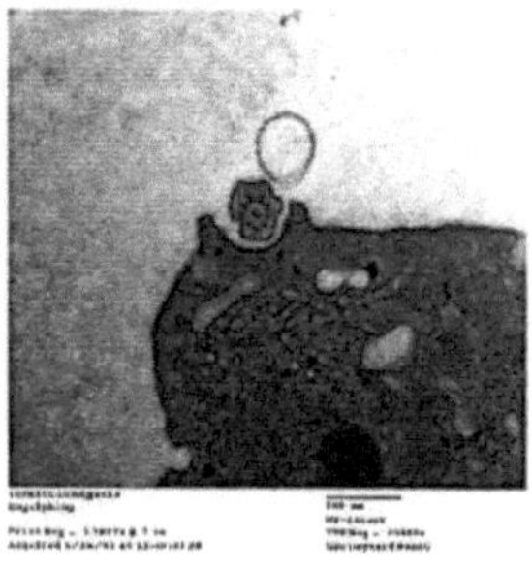

Figura 12

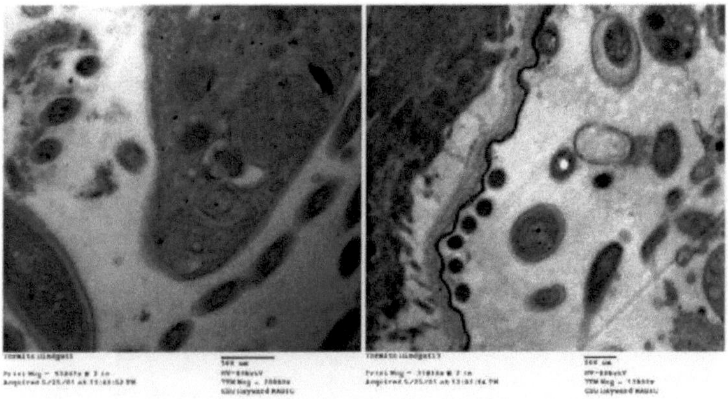

Secções transversais do trato intestinal das térmitas mostrando fibras musculares, células epiteliais, vários morfotipos de bactérias, protozoários, vacúolos e aparelho de golgi

Figura 13: HPLC, deteção de glucose proveniente da decomposição da celulose por bactérias celulolíticas isoladas do intestino das térmitas

Quadro 5

	Lactococcus lactis	Unknown Isolate	Serratia marcescens
Time(Hrs)	Glucose area	Glucose area	Glucose area
2	48.6	48.9	50.4
4	47.5	46.4	52.6
9	26.1	0	22.9
12.5	0	0	0
25.5	0	0	17.1
33.5	0	13.1	16.6
48.5	10.9	11.8	14.1
59	0	0	8.6
148	0	0	0

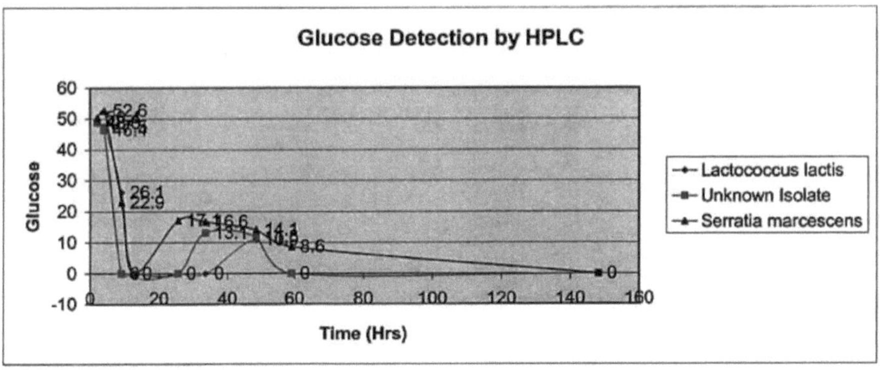

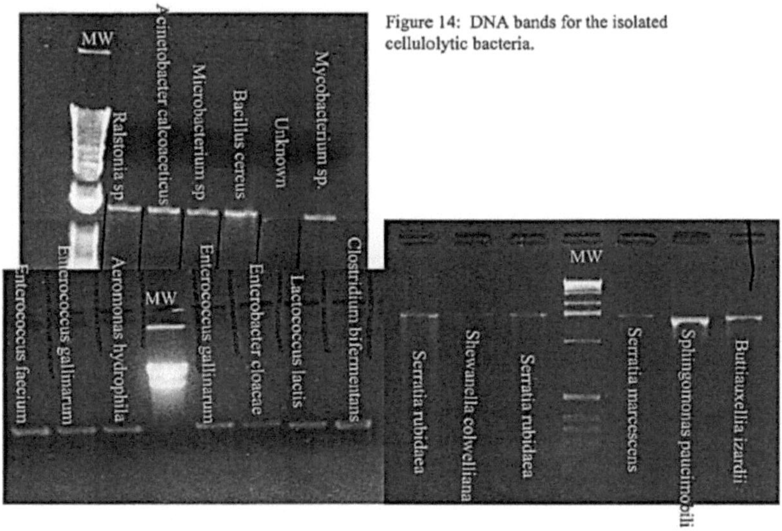

Figure 14: DNA bands for the isolated cellulolytic bacteria.

Figura IS: HPLC, deteção de glucose proveniente da decomposição da celulose por bactérias celulolíticas isoladas do intestino do camarão

Quadro 7

	Shewanella colwelliana	Serratia rubidaea	Serratia rubidaea
Time(Hrs)	Glucose area	Glucose area	Glucose area
2		50.8	48.5
4	50.1	42.6	42.3
9		12.1	
12.5	44.3	0	0
25.5	49.4	0	0
33.5	39.5	0	0
48.5	30.3	0	0
59	0	0	0
148	5.6	0	0

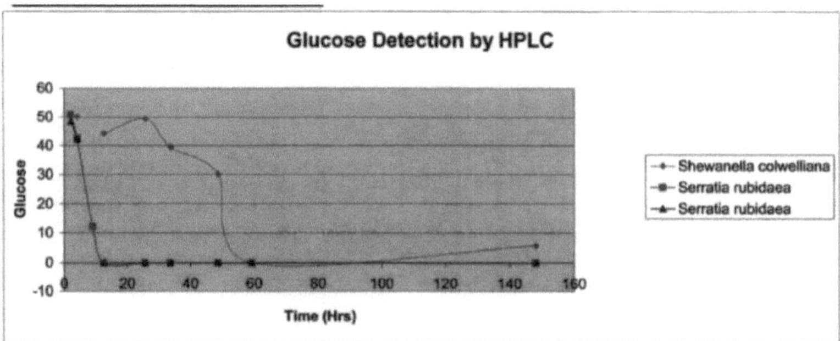

APÊNDICE

Ágar celulolítico de Clostridium modificado (MCCA) ATCC # 35319: Fórmula

K2HPO4	2.9 g
KH2PO4	1.5 g
(NH4)2SO4	1.3 g
MgC12.6H20	1.0 g
CaC12	0.15 g
FeSO4.7H20	1.25 g
Extrato de levedura	2.0 g
Sigma Cell Type 50 Cellulose	7.5 g
Resazurina	2,0 mg

Num balão de 2 litros, completar o volume até um litro com água desionizada. Misturar bem o meio e ajustar o pH para 7,5 com NaOH 1 N. Para preparar o meio sólido Adicionar 20,0 gramas de ágar ao meio.

Aquecer o meio até à ebulição e autoclavar durante 15 minutos a 121°C e 15psi. Temperar o meio a 50°C e verter para placas de Petri ou tubos estéreis na câmara anaeróbia.

Procedimento API:

Preparação de isolados para inoculação no sistema API:

Os isolados foram preparados de acordo com os procedimentos e instruções da bioMerieux: API 20 E:

1. Uma colónia bem isolada da placa de isolamento foi retirada e emulsionada em 5ml de solução de NaCl a 0,85%, pH 5,5-7,0.
2. Na tira de teste, tanto o tubo como a cúpula dos testes CIT, VP e GEL, foram preenchidos com a suspensão bacteriana.
3. Para os restantes testes da tira, apenas os tubos foram preenchidos com a suspensão bacteriana.
4. As cúpulas ADH, LDC, ODC, H2S e URE foram enchidas com óleo mineral estéril para criar anaerobiose.
5. As tiras foram incubadas durante 18-24 horas a 28-30°C.
6. As tiras foram lidas com base na tabela de interpretação fornecida.

API 20 NE:

1. Quatro colónias bem isoladas de morfologia idêntica da placa de isolamento foram

removidas e suspensas em 2ml de solução de NaCl a 0,85%. A turvação foi comparada com #0.5 McFarland standard de $1.5X10^8$CFU/ml.

2. As cúpulas dos ensaios NO_3a PNPG foram enchidas com a suspensão salina
3. Foram adicionados 200p l da restante suspensão salina ao meio AUX fornecido.
4. Os tubos e cúpulas dos ensaios GLU a PAC foram enchidos com a suspensão AUX
5. Foi adicionado óleo mineral estéril às cúpulas GLU, ADH e URE.
6. As tiras foram incubadas durante 18-24 horas a 28-30°C.
7. A leitura das tiras foi efectuada com base na tabela de interpretação normalizada.

API ZYM:

1. Foi preparada uma suspensão pesada, com uma turvação de 5-6 McFarland, das bactérias bem isoladas, em 2ml de meio isotónico (ou água destilada esterilizada) para corresponder à turvação de um padrão # 5-6 McFarland de 1,5-1,8X109 CFU/ml.
2. Em cada cúpula foram colocados 65 ml da suspensão.
3. As tiras foram incubadas a 28-30°C durante um mínimo de 4 horas.
4. Após o período de incubação, foi adicionada a cada cúpula uma gota do reagente ZYM A seguida de uma gota do reagente ZYM B.
5. Deixou-se que as cores se desenvolvessem deixando as tiras à temperatura ambiente durante um mínimo de 5 minutos.
6. A intensidade da cor foi classificada de acordo com a tabela fornecida.
7. Os resultados foram lidos de acordo com a tabela de interpretação.

MIX
Papier aus verantwortungsvollen Quellen
Paper from responsible sources
FSC® C105338

Printed by Books on Demand GmbH, Norderstedt / Germany